ESSAY

KRITIK

MARGINALIEN

Andreas Reckwitz, geb. 1970, Professor für Allgemeine Soziologie und Kultursoziologie an der Humboldt-Universität zu Berlin. 2024 erschien *Verlust. Ein Grundproblem der Moderne.*

Sebastian Conrad, geb. 1966, Historiker, Professor für Neuere Geschichte / Global History am Friedrich-Meinecke-Institut der Freien Universität Berlin. 2024 erschien *Die Königin. Nofretetes globale Karriere.*
Sebastian.Conrad@fu-berlin.de

Daniel Ehrmann, geb.1985, Literatur- und Buchwissenschaftler, Wissenschaftlicher Mitarbeiter am Zentrum für Buchwissenschaft der Ludwig-Maximilians-Universität München. 2022 erschien *Kollektivität. Geteilte Autorschaften und kollaborative Praxisformen 1770–1840.*
daniel.ehrmann@germanistik.uni-muenchen.de

Erika Thomalla, geb. 1986, Professorin am Zentrum für Buchwissenschaft der Ludwig-Maximilians-Universität München. 2025 erschien *Die Wahrheit über Kid P. Wie ein Hamburger Punk den deutschen Popjournalismus erfand.*
erika.thomalla@germanistik.uni-muenchen.de

Timon Beyes, geb. 1973, Professor am Institut für Soziologie und Kulturorganisation der Leuphana Universität Lüneburg. 2024 erschien *Organizing Color. Toward a Chromatics of the Social.*
timon.beyes@leuphana.de

Hanna Engelmeier, geb. 1983, Wissenschaftliche Mitarbeiterin am Kulturwissenschaftlichen Institut Essen. 2021 erschien *Trost. Vier Übungen.*
hanna.engelmeier@kwi-nrw.de

Ernst-Wilhelm Händler, geb. 1953, Unternehmer und Schriftsteller. 2023 erschien der Roman *Der absolute Feind.*
ernst-wilhelm.haendler@merkur-gmbh-cokg.de

Christian Wiebe, geb. 1980, Germanist, Wissenschaftlicher Mitarbeiter an der TU Braunschweig. 2022 erschien *Engel Christine Westphalen: Charlotte Corday. Tragödie in fünf Akten*. Mit einem Nachwort hrsg. v. Christian Wiebe; 2024 *Thomas Mann lesen!* (Hrsg. zus. m. Julia Schöll u. Franziska Solana Higuera).

Trung Hoàng Lê, geb. 1979, Psychologe.
trung.hoangle@icloud.com

Ozan Zakariya Keskinkılıç, geb. 1989, Politikwissenschaftler, freier Autor, Lyriker. 2022 erschien der Lyrikband *Prinzenbad*, 2023 *Muslimaniac. Die Karriere eines Feindbildes.* – Bei dem Beitrag handelt es sich um einen Vorabdruck aus dem Roman *Hundesohn*, der im September bei Suhrkamp erscheint.

Anke Stelling, geb. 1971, freie Schriftstellerin. 2018 erschien der Roman *Schäfchen im Trockenen*, 2020 die Erzählungen *Grundlagenforschung.*
www.ankestelling.de

ZU DIESEM HEFT

Zunge und Sprache, beides heißt auf Türkisch dil. Das vietnamesische Wort für Sprache ist *tiếng*. Davon, dass die deutsche Sprache in Deutschland schon lange nicht mehr alleine zuhaus ist, erzählt in diesem Heft Trung Hoàng Lê genauso wie Ozan Zakariya Keskinkılıç. Trung Hoàng Lê, der als Kind vietnamesischer Einwanderer erst in der DDR, dann in der Bundesrepublik aufwuchs, der Deutsch und dank Studium in Paris Französisch, *la langue française*, und auch Englisch fließender spricht als die Sprache der Mutter, *tiếng mẹ đẻ*. Und doch ist ihm viel darum zu tun, die Sprache seiner Herkunft nicht ganz zu verlieren, sie an die nächste Generation weiterzugeben. Auch wenn der fünfjährige Sohn zum Einschlafen manchmal lieber das fließende Vaterdeutsch als das stockende Vatervietnamesisch zu hören bekäme: »Und dann sage ich ihm, dass ich ihm so viele Worte wie möglich wiederfinden und ihm schenken werde.«

Anne, oder *ana*, ist die Mutter, auf Türkisch. Die Muttersprache ist *ana dili*. Der Ich-Erzähler in *Hundesohn*, dem grandiosen Roman von Ozan Zakariya Keskinkılıç, aus dem wir in diesem Heft einen Vorabdruck bringen, lebt und schreibt und denkt zwischen den Sprachen: Deutsch und Türkisch und auch Arabisch, dazu lernt er noch Chinesisch. Sein Vater, *baba*, wiederum hat das Deutsche, als er aus dem Türkischen kam, einst in Umschrift gelernt: *Zind zî tsufrîdın mit ma'ynır a'rbayt?* Der Sohn bewegt sich in seinen Sprachen, in ihren feinen Unterschieden liegen für ihn ganze Welten, zwischen Hund, was auf Arabisch *kalb* heißt, und Herz, das ist *qalb*. Und mindestens eine wichtige Lektion über den Zusammenhang von Sprache und Mensch hat er vom Vater gelernt: »Baba sagt immer, bir lisan, bir insan. İki lisan, iki insan. Eine Sprache, ein Mensch. Zwei Sprachen, zwei Menschen.«

CD/EK

Andreas Reckwitz

Vom Erben

Wir leben in einer Erbengesellschaft. Dies gilt bereits für den einfachsten, den vordergründigen Fall: Seit den 2000er Jahren vererben in Deutschland die wohlhabenden Nachkriegsgenerationen an ihre Kinder und andere Verwandte jedes Jahr Vermögenswerte in Höhe von etwa 250 Milliarden Euro.[1] Die Konsequenz ist einschneidend: Der soziale Status, den man im Laufe des Lebens erreicht, hängt für die Generationen, die nach 1970 geboren sind, der Tendenz nach immer weniger vom selbst erarbeiteten Einkommen und immer mehr davon ab, ob man erbt oder nicht. Das familiäre Erbe entscheidet so in erheblichem Maße über den Lebenserfolg – mit allen sich daraus ergebenden gesellschaftlichen Gerechtigkeitsproblemen.

Die Erbengesellschaft der Gegenwart erschöpft sich jedoch nicht in Vermögensfragen. Es spricht vielmehr einiges dafür, dass sich in der Spätmoderne auf verschiedenen Ebenen generell das gesellschaftliche Bewusstsein dafür schärft, mit Erbschaften vergangener Generationen konfrontiert zu sein. Man betrachtet sich und andere unter dem Aspekt, dass man als Individuum, als soziale Gruppe, als Nationalgesellschaft, ja als Spezies Homo sapiens in der Gegenwart aus der Vergangenheit etwas erbt oder in der Zukunft etwas vererben wird. Dabei kann es sich um ein positives und erfreuliches, um ein negatives und desaströses oder ein von vornherein ambivalentes Vermächtnis handeln. Es gilt: Man kann nicht nicht erben.

Jacques Derrida argumentiert 1993 in seiner Schrift *Marx' Gespenster*, richtig zu leben bedeute stets, mit der Gegenwärtigkeit der Toten zu leben.[2] Die Toten seien niemals vollständig tot, sie seien wie Gespenster notwendig weiterhin anwesend. Die Gegenwart werde vom Erbe der Vergangenheit heimgesucht. Derrida formuliert eine allgemeine philosophische Position, aber kommentiert damit zugleich einen Zusammenhang, der seit den 1990er Jahren immer deutlicher wird: Die westlichen Gesellschaften sind mit einer Vergangenheit konfrontiert, die nicht vergehen will. Insbesondere die Gewaltgeschichte Europas und Nordamerikas, die bis in die Gegenwart hinein ihre Spuren hinterlässt, ist zu einem prominenten Gegenstand der spätmodernen Erinnerungskultur geworden.

1 Vgl. Julia Friedrichs, *Wir Erben. Warum Deutschland ungerechter wird*. München: Piper 2016.

2 Jacques Derrida, *Marx' Gespenster*. Aus dem Französischen von Susanne Lüdemann. Frankfurt: Fischer 1995.

Allerdings lässt sich das Erbe, mit dem die Gesellschaft als Ganze umgeht, keinesfalls ausschließlich auf eine belastende Hypothek reduzieren. Es ist bezeichnend, dass zeitgleich zur gesteigerten Sensibilität für das moderne Gewalterbe auch der Sinn für das gewachsen ist, was man das kulturelle Erbe der Vergangenheit, das *cultural heritage*, nennt. In institutionalisierter Weise wird es von der UNESCO in ihrem immer weiter expandierenden Programm des Weltkulturerbes verwaltet. Ihr Ausgangspunkt lautet, dass die Geschichte ihre eigenen, auch heute noch wertvollen Güter hervorgebracht hat, die als »Erbe der Menschheit« anhaltend eines Schutzes vor Zerstörung bedürfen.

Aber auch damit ist die Präsenz des Erbes in der Gegenwartskultur noch nicht erschöpft. Mir geht es um ein Panorama der auf den ersten Blick disparaten Kontexte, in denen in der zeitgenössischen Kultur das Erbe verhandelt wird, und um einen Problemaufriss der Perspektivverschiebung, die damit verbunden ist. Die Relevanz des Erbes in der Gegenwartsgesellschaft festzustellen ist nämlich kein nebensächlicher Befund. Vielmehr wird damit ein grundsätzlicher struktureller und kultureller Wandel deutlich, der einige der leitenden Kategorien dessen, was die gesellschaftliche Moderne klassischerweise ausmachte, außer Kraft setzt: In der Transformation von der klassischen Moderne zur Spätmoderne, wie sie sich seit den 1970er und achtziger Jahren vollzieht, wird eine Rekonfiguration des Verhältnisses der Gesellschaft und ihrer Subjekte zu Zeitlichkeit und Geschichtlichkeit sichtbar. Das Phänomen des Erbes spielt für diese Rekonfiguration eine zentrale Rolle.

Moderne, Spätmoderne und die Transformation der Zeitlichkeit

Spätestens seit Reinhart Kosellecks Studien zur historischen Semantik gilt als Konsens, dass die historische Außergewöhnlichkeit der modernen Gesellschaft, wie sie sich seit dem 18. Jahrhundert mit Aufklärungsphilosophie, Industrialisierung, Demokratisierung, Verwissenschaftlichung und Individualisierung entwickelt hat, in ihrer exzeptionellen Zukunftsorientierung wurzelt.[3] Für die Modernen bricht die Kontinuität zwischen Erfahrungsraum und Erwartungshorizont auf. Die Zukunft, so lautet ihr Credo, werde ganz anders sein – und zwar besser. Zukunftsorientierung geht so mit Fortschrittsgewissheit einher. In diesem klassisch-modernen Zeitregime, wie es das 19. und 20. Jahrhundert beherrschte, büßt die Vergangenheit entsprechend ihren Stellenwert als Bezugspunkt für die Orientierung der Gegenwart ein.

3 Reinhart Koselleck, *Vergangene Zukunft. Zur Semantik geschichtlicher Zeiten*. Frankfurt: Suhrkamp 1988.

Sie erscheint vielmehr als ein überholter Zustand, den man glücklicherweise hinter sich gelassen hat.

Was den Stellenwert eines etwaigen Erbes angeht, hat diese Zeitstruktur eine einschneidende Konsequenz: Das Erbe steht in der Moderne unter Verdacht.[4] In der Filiation von Erbschaften, von Erblassern und Erben zu denken und diese zuzulassen, erscheint nun als ein vormodernes, ein traditionales, ja illegitimes Relikt. Die Kontinuität des Erbe(n)s will die Moderne in ihrem Diskontinuitätsanspruch ein für alle Mal kappen. Sie suggeriert, dass es grundsätzlich nicht nur *wünschenswert*, sondern überhaupt *möglich* ist, das Erbe, mit dem die Vergangenheit in die Gegenwart hineinragt, hinter sich zu lassen. Dies ist die doppelte Voraussetzung des modernen Fortschrittsversprechens: Man *kann* das Erbe überwinden, und man *sollte* es überwinden.

Dies gilt für die Individuen wie für die Gesellschaft als Ganze. Den Prinzipien der modernen Leistungsgesellschaft entsprechend sollen der soziale Status und die Identität des Individuums ganz aus seinem eigenen, selbstverantwortlichen Handeln resultieren. Mit Talcott Parsons gesprochen, schaltet die moderne im Verhältnis zur traditionalen Gesellschaft von »ascribed« auf »achieved« Identitäten um:[5] Die Identität eines Individuums wird idealerweise nicht mehr durch Herkunft und Stand sozial zugeschrieben, sondern durch individuell zurechenbare Leistungen erarbeitet. Dazu passt, dass der juristische Diskurs um das Erbrecht, der um 1800 in Frankreich, Deutschland und den USA einsetzt, die Legitimität von materiellen Erbschaften in der Familie, das Risiko der Willkür der Erblasser sowie das Verhältnis zwischen Erbe und dem meritokratischen Selbstverständnis der Gesellschaft problematisiert.[6]

Die moderne Erbskepsis gilt jedoch auch für die Gesellschaft als Ganze: Der institutionalisierte Fortschrittsimperativ setzt darauf, mit dem Erbe der Vergangenheit zu brechen und dieses in einer endlosen Kette von Innovationen immer wieder neu zu überbieten – gleich, ob es sich um Wissenschaft und Technik, Ökonomie, Politik oder den soziokulturellen Wertewandel handelt. Am Erbe zu hängen, erscheint reaktionär. Nichts ist älter als die Neuheit von gestern, die es immer wieder durch »kreative Zerstörung« (Schumpeter) in

4 Vgl. dazu insgesamt auch Stefan Willer, *Erbfälle. Theorie und Praxis kultureller Übertragung in der Moderne*. Paderborn: Fink 2014; Stefan Willer / Sigrid Weigel / Bernhard Jussen (Hrsg.), *Erbe. Übertragungskonzepte zwischen Natur und Kultur*. Berlin: Suhrkamp 2013.

5 Talcott Parsons, *The Social System* [1951]. London: Routledge 1991.

6 Vgl. Jens Beckert, *Unverdientes Vermögen. Soziologie des Erbrechts*. Frankfurt: Campus 2004.

Richtung einer offenen Zukunft zu überwinden gelte. In der Moderne erweisen sich so die jüngeren Generationen mit ihrer auf Erneuerung und Revolution geeichten Zukunftsorientierung gegenüber den älteren Generationen als »die schrecklichen Kinder der Neuzeit« (Sloterdijk), die sich vom Erbe ihrer Väter und Mütter lossagen.[7] Oder mit Thomas Jefferson gesprochen: »the earth belongs in usufruct to the living […] the dead have neither powers nor rights over it«.[8]

Vor dem Hintergrund dieser Distanzierungsbewegung verweist das spätmoderne Erbenbewusstsein, das sich seit den 1980er Jahren herausbildet, auf einen markanten Bruch. Aus der spätmodernen Warte erscheint es nämlich weder ohne Weiteres *möglich*, das Erbe – welcher Art auch immer – hinter sich zu lassen, noch erscheint dies sinnvoll und wünschenswert. Diese Umkehrung der Perspektive vom *illegitimen* zum *notwendigen* Erbe zu vollziehen, setzt jedoch voraus, dass die zukunfts- und darin fortschrittsorientierte Zeitkultur der klassischen Moderne durch eine spätmoderne Zeitkultur überlagert wird.[9] In dieser büßt die Zukunft ihre Aussicht auf eine Überbietung der Gegenwart in eine als fortschrittlich erkannte Richtung an Glaubwürdigkeit ein. Im Extrem droht aus der spätmodernen Perspektive vielmehr eine »Zukunft als Katastrophe« (Horn), etwa durch klimatische, autoritäre oder kriegerische Entwicklungen.[10] Die Zukunft erscheint so nicht als Raum von wahrscheinlichen Verbesserungen, sondern von möglichen Verlusten. Wenn die Zukunftsgewissheit schwindet, ist es jedoch nur konsequent, dass sich die Perspektive auf die Vergangenheit verschiebt. Diese wird nun in einem doppelten Sinne als ein Erbe sichtbar: als positives und als negatives Erbe.[11]

Diese Janusköpfigkeit des spätmodernen Erbenbewusstseins ist bezeichnend: Einerseits kommt man nun nicht umhin anzuerkennen, dass die Vergangenheit wertvolle Güter anzubieten hat, die es in der Gegenwart zu kultivieren und zu nutzen gilt – sei es ein materielles oder kulturelles Familienerbe, sei es das kulturelle oder institutionelle Erbe der Gesellschaft. Die Vergangenheit, die in die Gegenwart hineinwirkt, ist aus dieser Perspektive nicht überholt, sondern bietet Ressourcen und Werte, die in der Gegenwart und Zukunft Möglichkeiten eröffnen. Andererseits erkennt die Spätmoderne in

7 Peter Sloterdijk, *Die schrecklichen Kinder der Neuzeit. Über das anti-genealogische Experiment der Moderne*. Berlin: Suhrkamp 2014.

8 Brief von Thomas Jefferson an James Madison von 6. September 1789. In: *The Papers of Thomas Jefferson*. Bd. 15. Princeton University Press.

9 Vgl. dazu auch Aleida Assmann, *Ist die Zeit aus den Fugen? Aufstieg und Fall des Zeitregimes der Moderne*. München: Hanser 2013.

10 Eva Horn, *Zukunft als Katastrophe*. Frankfurt: Fischer 2014.

11 Vgl. Andreas Reckwitz, *Verlust. Ein Grundproblem der Moderne*. Berlin: Suhrkamp 2024.

der Vergangenheit auch und gerade ein negatives Erbe, ein Erbe als Last oder Hypothek, welches in der Gegenwart als Trauma oder Schuld, als Verschlechterung der Lebensbedingungen oder als epigenetische Einschränkung wirkt. Beide, das positive wie das negative Erbe, erweisen sich in der spätmodernen Kultur als zentrale Quellen mannigfacher Konflikte um Identität, Anerkennung und Gerechtigkeit. Die Identitätskämpfe der Spätmoderne stellen sich so nicht selten als Erbschaftsstreitigkeiten heraus.

In der Spätmoderne gilt also grundsätzlich: Die Vergangenheit ist nicht abgeschlossen. Sie lässt sich gar nicht abschließen, sondern betrifft als ein Erbe die Gegenwart (und Zukunft), in der sie weiterwirkt. Dieses Erbe ist ambivalent. Es enthält Ressourcen und Hypotheken, Wert und Schuld zugleich. Hinzu kommt: Grundsätzlich findet in jedem Erbe eine Übertragung statt, in der etwas – seien es Vermögen oder Gene, seien es Erfahrungen oder Schulden – von einem vorangegangenen zu einem späteren Zeitpunkt transferiert wird. In diesem Prozess der Übertragung gehen jedoch zwei Mechanismen Hand in Hand: die *Faktizität* einer Wirkung der Vergangenheit, die sich ereignet, ob man will oder nicht, und die *Aneignung* eines solchen Erbes in variablen kulturellen Praktiken des Erbens, in denen ein *doing heritage/inheritance* stattfindet.

Es gibt also auf der einen Seite eine – aus der Warte des modernen Glaubens an die Gestaltbarkeit von Biografie und Gesellschaft verstörende – Unverfügbarkeit des Erbes. Hier wird eine Vergangenheit sichtbar, die nicht vergehen will, die beispielsweise als ungleich verteiltes Vermögen, als Staatsschulden, als traumatische Spur in der Psyche oder als irreversible Veränderung in der klimatischen Struktur der Erde wirkt. Dies ist die Materialität des Erbes. Auf der anderen Seite ist das Erbe niemals unabhängig von den Praktiken zu denken, in denen es kulturell angeeignet wird, in denen es kultiviert oder abgelehnt, rechtlich reguliert oder musealisiert oder darüber debattiert wird, was als Erbe zählen soll und was nicht. Dies ist die Kulturalität des Erbens. Das Erbe erweist sich so als eine materiell-kulturelle Doublette.

Familiäres Erbe und Vermögen

Wenn in der Gegenwartskultur das Erbe zum Thema wird, dann betrifft dies zunächst die Individuen und ihr familiäres Erbe. Die Familie als Sozialform muss die Prinzipien moderner Gesellschaftlichkeit herausfordern, ja partiell außer Kraft setzen.[12] In den Familien findet sich nämlich unweigerlich ein Rest-

12 Zur Entstehung der modernen Familie vgl. Jack Goody, *The European Family. An Historico-Anthropological Essay*. Oxford: Blackwell 2000.

bestand, ein Überbleibsel der Filiationsbeziehungen traditionaler Gemeinschaften. Einerseits löst sich das moderne Modell der Kleinfamilie zwar von den großflächigen Verwandtschaftsnetzwerken traditionaler Gesellschaften mit ihren Privilegien und Einschränkungen. Andererseits wird die heranwachsende Generation in den Kleinfamilien auch unter Bedingungen der modernen Gesellschaft zwangsläufig mit einem Erbe belastet beziehungsweise mit einem solchen komfortabel ausgestattet. Über den Weg der biologischen Reproduktion, des familiären Sozialisationsprozesses und schließlich der Vermögenserbschaften selbst noch im Erwachsenenalter ist das moderne Individuum prägenden Einflüssen der Herkunftsfamilie ausgesetzt, die sich vollständig oder teilweise der individuellen Entscheidung und Verfügung entziehen und für eine entsprechend notwendig ungleiche Verteilung von Assets und Handicaps sorgen. Im Rahmen einer spätmodernen Gesellschaft, die den modernen Individualismus mit ihrem Selbstverwirklichungs- und Eigenverantwortlichkeitsideal auf die Spitze treibt, muss die Unverfügbarkeit dieser Ausstattung mit einem familiären Erbe vielgestaltiger Art als Irritation und Provokation erscheinen.

In Bezug auf das materielle Vermögen lässt sich dabei seit den 1990er Jahren eine strukturelle Verschiebung beobachten, deren Brisanz mittlerweile auch die öffentlichen Debatten erreicht hat. Der französische Ökonom Thomas Piketty macht in seiner historischen Untersuchung der Vermögensstrukturen in Frankreich einen grundsätzlichen Strukturwandel aus, der sich in ähnlicher Weise in den meisten westlichen Gesellschaften findet.[13] Grafisch vorgestellt, nimmt er die Form einer U-Kurve an: Die bürgerliche Gesellschaft des 19. Jahrhunderts war in beträchtlichen Teilen eine postaristokratische Rentiergesellschaft, in der die privilegierten Schichten von ihrem ererbten Vermögen lebten. Im 20. Jahrhundert reduzierte sich die Vermögensungleichheit: Die Mittelschichtsgesellschaft, die in den Trente Glorieuses der Nachkriegszeit ihren Höhepunkt erlebte, war im Kern eine meritokratische Gesellschaft, in der sich die Erwerbsarbeit der Mittelschicht erfolgreich in (Immobilien)Vermögen umsetzen ließ. In der Spätmoderne verschärfen sich Piketty zufolge jedoch erneut die Vermögensunterschiede, und zwar insbesondere durch die ungleiche Vermögensvererbung.

Die tendenziell immobilen, stagnierenden Gesellschaften der Gegenwart, deren Ökonomien nur noch geringe Wachstumsraten aufweisen und in denen die massenhaften sozialen Aufstiegsgeschichten Vergangenheit sind, weisen damit erneut Züge der alten Rentiergesellschaft auf. Die Höhe des

13 Vgl. Thomas Piketty, *On the Long-Run Evolution of Inheritance: France 1820–2050*. In: *Quarterly Journal of Economics*, Nr. 126/3, August 2011.

ererbten Vermögens erlangt dabei eine neue Relevanz als Sortiermechanismus für die Verteilung von Lebenschancen. Die Journalistin Julia Friedrichs hat mögliche Folgen dieses Prozesses bereits vor etwa zehn Jahren in *Wir erben* plastisch beschrieben:[14] Das meist von den Eltern vererbte Kapital avanciert zum entscheidenden Startvorteil, der den Erben in der spätmodernen Mittelklasse beispielsweise den Immobilienkauf ermöglicht, der als Back-up den Berufseinstieg oder die Familiengründung erleichtert und der Mittel für Investitionen in die Bildungslaufbahn der eigenen Kinder freisetzt. Jene, die nicht erben, leben selbst als Akademiker mit Mittelschichtseinkommen demgegenüber in beengteren Verhältnissen. Vor dem Hintergrund des normativen Modells einer Leistungsgesellschaft wirft die Rolle des leistungslosen Vermögens immense Gerechtigkeitsprobleme auf.

Kulturelles und emotionales Erbe

Das Familienerbe erschöpft sich jedoch nicht im Geldvermögen. Mit Pierre Bourdieu gesprochen: Wirkungsmächtig ist nicht nur das ökonomische, sondern auch das kulturelle Kapital,[15] vererbt wird in gewissem Umfang auch und gerade der kulturelle Habitus sozialer Klassen. Das ist soziologisch keine neue Erkenntnis. Neu ist jedoch, dass sich seit den 2010er Jahren der öffentliche Diskurs für die Folgen dieses Sozialisationserbes sensibilisiert. Augenfällig ist hier insbesondere das breit zirkulierende Genre der sogenannten Autosoziobiografien, das Sachbücher ebenso wie Romane sowie hybride Formen umfasst: Von Didier Eribons *Rückkehr nach Reims* und Edouard Louis' *Das Ende von Eddy* über J. D. Vance' *Hillbilly Odyssee* bis zu Christian Barons *Ein Mann seiner Klasse* und zu Romanen wie Saša Stanišić' *Herkunft* oder Anke Stellings *Schäfchen im Trockenen* haben eine Reihe von Büchern Bestsellerstatus erreicht, in denen das komplexe kulturelle und soziale Erbe der sozialen Klassen zum Thema wird.[16] Häufig handelt es sich um Darstellungen einer Herkunft aus der Arbeiterschaft oder einer prekären Unterklasse, aus der sich eine Spannung ergibt, die den Texten ihren besonderen Reiz verleiht: Die Autoren und Autorinnen, die über diese ihre Herkunft schreiben, sind als Schriftsteller ihrem Herkunftsmilieu entwachsen und demonstrieren mit

14 Jüngst kritisch zu diesem Thema auch Martyna Linartas, *Unverdiente Ungleichheit. Wie der Weg aus der Erbengesellschaft gelingen kann*. Hamburg: Rowohlt 2025.

15 Pierre Bourdieu, *Ökonomisches Kapital, kulturelles Kapital, soziales Kapital*. In: Reinhard Kreckel (Hrsg.), *Soziale Ungleichheiten*. Göttingen: Schwartz 1983.

16 Vgl. Eva Blome / Philipp Lammers / Sarah Seidel (Hrsg.), *Autosoziobiographie. Poetik und Politik*. Stuttgart: Metzler 2022.

ihrer Biografie, dass Klasse nicht Schicksal sein muss. Zugleich wird jedoch sichtbar, dass selbst in diesen Fällen das Erbe des Herkunftsmilieus weiterwirkt – sei es in Form einer Klassenscham, sei es in bestimmten Dispositionen aus dem Herkunftsmilieu, die so tief verankert sind, dass sie auch im »neuen Leben« weiterwirken.

Es gibt noch eine weitere Form des familiären Erbes, für die man in den letzten Jahrzehnten ein Bewusstsein entwickelt hat: das emotionale und epigenetische Erbe. Die Frage nach dem emotionalen Familienerbe, wie es Autorinnen und Autoren wie Galit Atlas, Peter Teuschel oder Mark Wolynn beschäftigt, geht dabei über die für die psychoanalytische Therapie von Beginn an zentrale Problematik der Kindheitserfahrungen und Familienkonstellation hinaus.[17] Was nun in den Blick gerät, ist vielmehr die intergenerationelle Übertragung psychischer Probleme, nicht zuletzt von Traumata. Die Initialzündung für die Analysen zum emotionalen Erbe liefern die Symptome der erwachsenen Kinder von Gewaltopfern, zunächst insbesondere aus Familien von Holocaust-Opfern. Ein belastendes emotionales Erbe findet sich auch in Familien, in denen Eltern als Kinder oder Jugendliche Krieg, Flucht, Vertreibung, schwere Erkrankungen oder sexuellen Missbrauch erlebt haben. Sabine Bode hat auf das emotionale Erbe der »Kinder der Kriegskinder« in Deutschland hingewiesen, für das lange Zeit kaum ein Bewusstsein existierte.[18]

In der psychologischen und biologischen Forschung ist man seit den 1990er Jahren zu dem Schluss gekommen, dass die Übertragung dieses emotionalen Erbes nicht allein über den Weg der Sozialisation stattfindet. Vielmehr wirken hier zusätzlich sogenannte epigenetische Mechanismen, durch die sich Erfahrungen wie kindliche Traumatisierungen im Körper manifestieren und dort epigenetische Veränderungen bewirken, die wiederum später an die eigenen Kinder biologisch vererbt werden können.[19] Die Traumata der Mütter und Väter schlagen sich so unter Umständen unabhängig von Sozialisationsprozessen in der körperlichen (epigenetischen) Programmierung ihrer Kinder nieder. Die Epigenetik erscheint jedoch ihrerseits nicht als fix, sondern als

17 Galit Atlas, *Emotionales Erbe. Eine Therapeutin, ihre Fälle und die Überwindung familiärer Traumata*. Aus dem Englischen von Monika Köpfer. Köln: DuMont 2023; Peter Teuschel, *Der Ahnen-Faktor. Das emotionale Familienerbe als Auftrag und Chance*. Stuttgart: Schattauer 2015; Mark Wolynn, *Dieser Schmerz ist nicht meiner. Wie wir uns mit dem seelischen Erbe unserer Familie versöhnen*. Aus dem Amerikanischen von Silvia Autenrieth. München: Kösel 2017.

18 Sabine Bode, *Kriegsenkel. Die Erben der vergessenen Generation*. Stuttgart: Klett-Cotta 2009.

19 Vgl. Bernhard Kegel, *Epigenetik. Wie Erfahrungen vererbt werden*. Köln: DuMont 2009.

durch Verhalten veränderbar: Das intergenerationale emotionale Erbe im Sinne eines *cycle breaking* zu durchbrechen wird so zum therapeutischen Ziel.[20]

Gesellschaftliches Erbe: Dreierlei Hypotheken

Das Erbe betrifft nicht nur die Individuen in ihren Familien, es betrifft auch die Gesellschaften insgesamt. Es ist auffällig, dass sich seit den 1990er Jahren eine Reihe von politisch wirkmächtigen Diskursen etablieren, die im Kern um die Annahme eines negativen Erbes kreisen, das aus der Geschichte der westlichen Moderne in die Gesellschaft der Gegenwart und Zukunft hineinwirkt. Vor allem drei solche Erbdiskurse sind einflussreich: das Motiv des Erbes der modernen Gewaltgeschichte, das Motiv des klimatisch-geologischen Erbes des Anthropozän, schließlich jenes der ökonomischen Verschuldung. Gewalt, Klima, Schulden – drei der wichtigsten Stichworte der spätmodernen Selbstverständigung basieren somit auf der Denkfigur einer gesellschaftlichen Erbschaft als Hypothek.

Dass sich seit den 1980er Jahren in Europa und Nordamerika eine Erinnerungskultur etabliert, in der die staatlichen Gewaltverbrechen der europäischen und nordamerikanischen Geschichte zu einem breit behandelten Thema werden, ist häufig festgestellt worden. Die Thematisierung des nationalsozialistischen Genozids an den europäischen Juden, wie sie in der westdeutschen und US-amerikanischen Öffentlichkeit in den 1970er Jahren einsetzte, kann als Initialzündung für die spätmoderne Erinnerungskultur gelten. Seit den 1990er Jahren wurde das Gewalterbe der kommunistischen Systeme in Osteuropa, aber auch jenes der autoritären Systeme in Südeuropa und Lateinamerika ins kollektive Gedächtnis gehoben. Seit den 2000er Jahren hat sich ein öffentliches Bewusstsein für das Erbe des europäischen Kolonialismus und der US-amerikanischen Sklaverei entwickelt. Es wirkt von den Beutekunst-Debatten bis zur Black Lives Matter-Bewegung und verkompliziert die westlichen Erinnerungsverhältnisse weiter.[21] Die Anerkennung der Opfer, die Verantwortung der Täter, der Stellenwert von Gewalt und Unterdrückung im Rahmen der National- und Globalgeschichte – dies alles macht das Gewalterbe zu einer politisch umkämpften Angelegenheit. Aus der Perspektive eines derartigen kollektiven Erbes ist die Geschichte alles andere als

20 Vgl. etwa Maryam Munir, *Cycle Breaker. From Trauma to Triumph. Learn to Heal Your Past and Parent with Joy*. O. O.: Mandala Tree Press 2024.

21 Vgl. Sebastian Conrad, *Erinnerungen im globalen Zeitalter. Warum die Vergangenheitsdebatte gerade explodiert*. In: *Merkur*, Nr. 867, August 2021.

abgeschlossen, sondern eine »heiße Vergangenheit« (Chris Lorenz), die in ihrer Schmerzhaftigkeit in die Gegenwart hineinragt und dort für Konflikte sorgt.[22]

Bemerkenswert an der seit den 2010er Jahren breit geführten Debatte um das Anthropozän, von deren Theoriebeiträgen die Klimabewegung intellektuellen Rückenwind erhielt, ist, dass hier letztlich eine neue Menschheitsgeschichte geschrieben wird.[23] In deren Zentrum findet sich die These eines fundamentalen Wandels des Mensch-Natur-Verhältnisses. Auf eine Epoche, in der die Menschheit sich in einem recht stabilen naturräumlichen Rahmen bewegte, folgt eine Vernetzung von Mensch und Natur, in der der Mensch diesen naturräumlichen Rahmen der Erde beabsichtigt und unbeabsichtigt transformiert, und zwar mit dem Klimawandel letztlich in eine für die Gesellschaft und Natur bedrohliche Richtung. Zwar ist der genaue historische Beginn des Anthropozän umstritten. Meist wird der Beginn dieses neuen, instabilen Erdzeitalters jedoch mit der europäischen Industrialisierung im 18. und 19. Jahrhundert identifiziert. Jene Industrialisierung, die im über lange Zeit herrschenden Modernisierungsnarrativ als entscheidender Schritt in Richtung der Fortschrittlichkeit der Moderne interpretiert wurde, erweist sich nun als ein fatales Erbe, indem sie eine extensive Energienutzung mithilfe fossiler Energien voraussetzte. Die Theorie des Anthropozän geht also von einem negativen Erbe ökologischer Art aus, das in seiner Faktizität unverfügbar erscheint. Die vergangene Energienutzung hat bereits irreversible Spuren in der klimatisch-geologischen Struktur der Erde hinterlassen. Zugleich erscheint dieses Erbe nicht vollständig als Schicksal – dies ist jedenfalls die in der Klimabewegung bislang dominante Position: Man wird das negative Erbe zwar nicht auf einmal los, könnte aber, falls die Umkehr in Richtung einer postfossilen Zukunft gelänge, zumindest mit ihm brechen.

Das dritte Motiv, das im spätmodernen Diskurs auf ein negatives Erbe verweist, ist das der Schulden. Im Kern geht es hier um die Belastung der zukünftigen Generationen durch die extensive finanzielle Verschuldung vieler Nationalstaaten in Europa und Nordamerikas.[24] Die Vereinigten Staaten haben mittlerweile eine Staatsverschuldung in Höhe von 125 Prozent

22 Chris Lorenz, *Unstuck in Time. Or: the Sudden Presence of The Past*. In: Karin Tilmans / Frank van Vree / Jay M. Winter (Hrsg.), *Performing the Past. Memory, History, and Identity in Modern Europe*. Amsterdam University Press 2010.

23 Vgl. Christophe Bonneuil / Jean-Baptiste Fressoz, *The Shock of the Anthropocene. The Earth, History and Us*. Übersetzt von David Fernbach. London: Verso 2016.

24 Vgl. Wolfgang Streeck, *Gekaufte Zeit. Die vertagte Krise des demokratischen Kapitalismus*. Berlin: Suhrkamp 2013.

des Bruttoinlandsprodukts erreicht, und in Deutschland sind es immerhin 64 Prozent.[25] Mithilfe von Schulden kauft man sich Zeit in der Gegenwart – Zinszahlung und Tilgung finden hingegen in der Zukunft statt. Die gegenwärtigen Generationen leben so auf Kosten der kommenden. Auch eine in der Gegenwart vernachlässigte öffentliche Infrastruktur kann zumindest in weiterem Sinne als eine Form von Verschuldung interpretiert werden: Man spart sich die Investition in die Infrastruktur in der Gegenwart, so dass die kommende Generation marode Verkehrswege, Schulen und Krankenhäuser erbt. Die Frage ist dann nicht mehr, *ob* man Schulden aufnehmen will, sondern *welche* man in Kauf nimmt. Mit Blick auf die öffentliche Verschuldung tut sich so ein eigentümlicher Kontrast zu den Vermögensverhältnissen in den Familien auf: Während dort im oberen Drittel der sozialen Pyramide private Vermögen in großem Umfang vererbt werden, erbt die Gesellschaft als Ganze über die staatlichen Haushalte Schulden in einem bisher ungekannten Maß. Der Gegensatz privater Reichtum / öffentliche Armut kann und muss so auch erbsoziologisch interpretiert werden.

Mit den Diskursen der Gewaltgeschichte, des Anthropozän und der Schulden verkehrt sich der fortschrittsoptimistische Blick auf die Moderne in sein Gegenteil: Die moderne Gesellschaft hinterlässt mannigfache Hypotheken, die selbst die kommenden Generationen noch heimsuchen werden. Ideenhistorisch gesprochen: In der Spätmoderne erhält die christliche Vorstellung der Erbsünde gleichsam ein säkulares Korrelat. Die Erbskepsis des modernen, zukunftsorientierten Fortschrittsdenkens hatte konsequenterweise das Reden von der Erbsünde nämlich gleich mitabgeräumt.[26] Die traditionsreiche christliche Vorstellung, dass der Mensch schon seit seiner Schöpfung von einem genuinen Sündenfall belastet sei, der sich aus der menschlichen Hybris ergeben habe, ist dem optimistisch-aufklärerischen und geschichtsphilosophischen Denken fremd. In der kritischen Perspektive der Spätmoderne taucht dieses Grundmotiv eines lange zurückreichenden, ethisch fatalen Erbes, das man nicht los wird, jedoch wieder auf. Die christliche Erbsünde des Menschen hat sich in die mannigfache(n) Schuld(en) der westlich-modernen Gesellschaftsgeschichte verwandelt, die mit dieser letztlich immer schon verwoben gewesen sei(en).

25 Bundesministerium der Finanzen, *Monatsbericht des BMF Juni 2025*. Berlin 2025.
26 Vgl. dazu Sloterdijk, *Die schrecklichen Kinder der Neuzeit*.

Cultural Heritage

Kann man das kollektive Erbe heute also nur noch negativ, als Last oder Hypothek denken? Das wäre zu einfach. Es gibt durchaus Ansätze, die ein positives kollektives Erbe erkennen, das heißt, ein gesellschaftliches Vermögen, das die Vergangenheit in der Gegenwart hinterlässt und das es wert scheint, auch von der Gegenwart auf die Zukunft übertragen zu werden. Im Rahmen des spätmodernen Zeitregimes ist dies nur konsequent: Wenn man das Positive nur noch im begrenzten Maß von Fortschritt und Innovation in der Zukunft erwartet, schärft sich der Blick für die Werte und Fortschritte der Vergangenheit und Gegenwart. Diese gilt es, vor dem Verlust zu schützen.

In diesem Zusammenhang hat die Frage nach dem kulturellen Erbe in den letzten Jahrzehnten ihre eigene Präsenz entfaltet. Was ein kulturelles Erbe ist und wie man es schützen kann, begleitet als Problemstellung die »Geburt des Museums« (Tony Bennett) in Europa und Nordamerika bereits seit Beginn des 19. Jahrhunderts.[27] Seit den 1970er Jahren ist jedoch unter der Überschrift des *cultural heritage* ein kulturpolitischer Diskurs um das Erbe explodiert, der auch erhebliche politische und städtebauliche Konsequenzen hat.[28] Die Denkmalschutzbewegung hat die Öffentlichkeit und den Staat seit den letzten Jahrzehnten des 20. Jahrhunderts für den Erhaltungswert historischer Bausubstanz sensibilisiert, die Expansion der Museumslandschaft hat den Raum des als erhaltenswertes Erbe Deklarierten über Kunstwerke hinaus weit in den Bereich der Alltags-, Populär- und Industriekultur hinein erweitert, und der *heritage tourism* hat die Besichtigung des kulturellen Erbes in Stadt und Land zu einem wichtigen Strang der expandierenden Tourismusökonomie werden lassen.

Als internationaler Schrittmacher erweist sich das UNESCO-Programm des Weltkulturerbes, das seinen Gegenstand seit den 1970er Jahren beträchtlich ausgeweitet hat: Kulturell relevant erscheinen nun nicht mehr nur die von Menschen gemachten Dingwelten, sondern auch Landschaften und schließlich das immaterielle Erbe, das heißt kulturelle Praktiken wie etwa Musik, darstellende Kunst oder Esskultur. Ursprünglich wurde die Perspektive des kulturellen Erbes auf Relikte aus Zeiten *vor* der gesellschaftlichen oder

27 Tony Bennett, *The Birth of the Museum. History, Theory, Politics.* London: Routledge 1995.

28 Vgl. nur Laurajane Smith, *Uses of Heritage.* London: Routledge 2006; Helmut K. Anheier / Yudhishthir Raj Isar (Hrsg.), *Heritage, Memory and Identity.* London: Sage 2011; Derek Gillman, *The Idea of Cultural Heritage.* Cambridge University Press 2010.

ästhetischen Moderne bezogen,[29] mittlerweile erlangen Heritage-Charakter jedoch auch Hinterlassenschaften der gesellschaftlichen Moderne wie Industriedenkmäler oder der ästhetischen Moderne wie Gebäude des International Style.

Die Moderne wird so selbst zu einem kulturellen Erbe – allerdings zu einem umstrittenen. Nicht wenige der notorischen Kulturkämpfe der Spätmoderne drehen sich bei näherer Betrachtung um die Frage, was in welcher Hinsicht für wen als kulturelles Erbe zählt und welches Erbe bedeutsamer ist als ein anderes. Die Valorisierung des Erbes bewegt sich unweigerlich im Feld einer symbolischen Ökonomie mit ihrer konflikthaften Dynamik von Wertzuschreibungen dessen, was als historisch einzigartig zählt.[30] Die hitzige Debatte um die historische Rekonstruktion des Berliner Stadtschlosses und den Abriss des Palasts der Republik beispielsweise lässt sich dann als Lehrstück einer solchen Erbschaftsstreitigkeit dechiffrieren: Welches Erbe scheint bewahrenswerter – das barock-klassizistische Schlossgebäude der preußischen Hauptstadt oder das politisch-kulturelle Multifunktionsgebäude der DDR?

Institutionelles Erbe

Das Thema des positiven Erbes bleibt jedoch nicht auf das kulturpolitische Feld beschränkt. Enthält die moderne Gesellschaft nicht auch in ihren zentralen institutionellen Bereichen in mancher Hinsicht ein wertvolles Erbe, dessen Weiterführung zur Aufgabe wird? Virulent wird diese Frage gegenwärtig nicht zuletzt im Zusammenhang mit dem Aufstieg des politischen Populismus und der Zerstörungskraft, die er entfaltet. Ein konkretes Beispiel: In ihrem Wahlkampf zur US-amerikanischen Präsidentschaftswahl 2024 hat die Kandidatin der Demokraten, Kamala Harris, die Verteidigung des liberalen Abtreibungsrechts zu einem ihrer wichtigsten Themen gemacht. Harris hat die Wahl verloren, aber interessant ist in diesem Zusammenhang, dass die Kandidatin der »Partei des Fortschritts« nicht der Eroberung einer neuen, besseren Zukunft, sondern der Verteidigung einer in der jüngeren Vergangenheit erkämpften Errungenschaft eine zentrale Rolle zuschrieb. Nicht nur für Konservative, sondern auch für Progressive wird nun also offenbar

29 In diesem Sinn war der Erbediskurs auch Bestandteil der neokonservativen kulturellen Kompensationstheorie der Ritter-Schule, in deren Kontext Odo Marquard das Motto »Zukunft braucht Herkunft« prägte.

30 Vgl. Andreas Reckwitz, *Gesellschaft der Singularitäten. Zum Strukturwandel der Moderne*. Berlin: Suhrkamp 2017.

die Verteidigung eines bestimmten Erbes zur Mission – in diesem Fall eines Rechtssystems, das ein bestimmtes Freiheitsrecht sichert.

In Harris' Abtreibungsthema spiegelt sich ein grundsätzliches Anliegen, das angesichts der Internationale des Rechtspopulismus, die seit den 2010er Jahren entstanden ist, die linken, liberalen und gemäßigt-konservativen Kräfte umtreibt: Es besteht darin, das akut bedrohte Erbe der liberalen Demokratie selbst, die sich als politisches System in Europa und Nordamerika in einem längeren historischen Prozess herausgebildet hat, zu verteidigen. Die liberale Demokratie als ein solches fragiles Erbe zu verstehen, setzt allerdings eine Perspektivverschiebung voraus: Die westliche Demokratie erscheint dann nicht mehr gut geschichtsphilosophisch – gleichsam mit Hegel, Habermas und der Commonsense-Modernisierungstheorie im Rücken – als das nur logische Ergebnis eines irreversiblen gesellschaftlichen Lernprozesses, hinter den dauerhaft zurückzufallen denkunmöglich ist. Sie wird vielmehr als ein ebenso kostbares wie zerbrechliches institutionelles Geflecht sichtbar, das in einer bestimmten historischen Phase unter sehr besonderen Umständen entstanden ist und in Zukunft durchaus auch wieder zerfallen könnte.[31] Ein Erbe kann man eben auch verspielen, es kann zerstört oder vergessen werden. Die Übertragung des Erbes erfolgt nicht automatisch, sondern bedarf eines *doing heritage/inheritance*, einer aktiven Arbeit an der Übertragung des Wertvollen für kommende Generationen.

Die Frage nach dem gesellschaftlichen Erbe der Moderne ist die nach einem Fortschrittserbe: Fortschritt wird spätmodern nur in begrenztem Maße als endlose Verbesserungssequenz gedacht, die in einer verheißungsvollen Zukunft auf uns wartet. Fortschritt lässt sich vielmehr in dem sehen, was die Moderne – wie unvollkommen auch immer und wie strittig im Einzelnen – in den letzten Jahrzehnten und Jahrhunderten erreicht hat. Das, was man Fortschritt nennt, erscheint so weniger als ein Zukunftsprojekt denn als ein erarbeitetes und erkämpftes Erbe der Moderne in bestimmten Praktiken, institutionellen Arrangements, Werten und Erfahrungen in verschiedensten Bereichen der Gesellschaft. Wenn man es schützen und weiterentwickeln will, muss es aber als ein solches positives Erbe sichtbar werden. Dem Werk *Existenzweisen* des französischen Soziologen Bruno Latour liegt interessanterweise ein ähnlicher Gedanke zugrunde:[32] Das, was er den notwendigen »Rückruf der Moderne« nennt, läuft auf eine kritische Musterung der modernen

31 Vgl. etwa David Runciman, *How Democracy Ends*. New York: Basic Books 2018; Steven Levitsky / Daniel Ziblatt, *How Democracies Die*. New York: Crown 2018.

32 Bruno Latour, *Existenzweisen. Eine Anthropologie der Modernen*. Aus dem Französischen von Gustav Roßler. Berlin: Suhrkamp 2014.

Institutionen – Wissenschaft, Bildung, Kunst, Wirtschaft, Recht, Politik etc. – unter dem Aspekt hinaus, was sie an verteidigenswert Wertvollem, eben an »Existenzmodi« anzubieten haben.

Tatsächlich spricht einiges dafür, dass das Bewusstsein für das fragile Erbe der Moderne wächst, dessen Pflege nötig erscheint, um den Möglichkeitsspielraum, den es eröffnet, weiterhin nutzen zu können. Jenseits des politischen Erbes von Demokratie und Rechtsstaat lassen sich auch weniger spektakuläre Beispiele für ein neues Erbenbewusstsein finden. Etwa in der Ökonomie. So hat seit den 1970er Jahren im Gefolge von Arnaldo Bagnasco die Wirtschaftssoziologie die besondere Struktur des sogenannten *Terza Italia* herausgearbeitet:[33] Das nordöstliche Italien zeichnet sich durch Wohlstandsentwicklung und ökonomische Robustheit aus, und als Voraussetzung dafür kann man eine sehr spezifische regionale ökonomische Tradition, ein historisch seit der Frühen Neuzeit gewachsenes Geflecht von kleinen Handwerksbetrieben mit ihren Innovationsmöglichkeiten und Vertrauensbeziehungen festmachen. Im *Terza Italia* gibt es also ein voraussetzungsreiches regionales Erbe von Unternehmens- und Industriekultur, das als solches erkannt werden muss, um es als Voraussetzung von ökonomischer Prosperität auch im Zeitalter des kognitiv-kulturellen Kapitalismus zu pflegen und weiterzuentwickeln.

Ein Erbenbewusstsein kristallisiert sich auch in einem scheinbar noch profaneren Bereich heraus: dem der modernen Infrastrukturen. Seit der zweiten Hälfte des 19. Jahrhunderts sind in Europa und Nordamerika flächendeckende Netzwerke der Elektrizität, der Versorgung mit Energie und Wasser oder des öffentlichen Verkehrs eingerichtet worden, die das Rückgrat des Komforts des modernen Lebens bilden. Wie es die Gruppe Foundational Economy darstellt,[34] führt häufig erst die Vernachlässigung dieser und anderer öffentlichen Einrichtungen in den letzten Jahrzehnten vor Augen, welches kostbare Erbe diese scheinbar trivialen Infrastrukturen bilden – ein Erbe, das zerfällt, wenn es nicht kontinuierlich gewartet wird.

Rekonfigurationen der Spätmoderne

Indem die späte Moderne den Zukunftsoptimismus verabschiedet, treten Erben und Vererben als Notwendigkeiten in den Blick. Diese Perspektivverschiebung lässt einige vertraute Konzepte der Moderne in einem neuen Licht

33 Arnaldo Bagnasco, *Tre Italie. La problematica territoriale dello sviluppo italiano*. Bologna: Il Mulino 1977.

34 The Foundational Economy Collective, *The Infrastructure of Everyday Life*. Manchester University Press 2018.

erscheinen. Dies betrifft zum einen die traditionsreiche Unterscheidung zwischen konservativ und progressiv. In der klassischen Moderne waren die Rollen eindeutig verteilt: Jene, die dem Banner des Fortschritts folgten, die Linken und Liberalen, plädierten für einen endgültigen Bruch mit dem rückschrittlichen Erbe, während den Konservativen die Rolle zukam, verzweifelt an einem (vormodernen) Erbe festzuhalten. In der Spätmoderne funktioniert diese Rollenaufteilung nicht mehr. Das Erbe ist unter spätmodernen Vorzeichen kein konservatives Reservat mehr. Als Thema zirkuliert es vielmehr in der gesamten Gesellschaft und in allen politischen Lagern.

Eine Perspektivverschiebung bewirkt das neue Erbenbewusstsein auch hinsichtlich des Konzepts der Generationen. Tim Ingold hat aus der Warte des Sozial- und Kulturanthropologen jüngst auf die Notwendigkeit eines neuen Generationenbewusstseins hingewiesen.[35] Die klassische Moderne war geradezu besessen von der Idee der Generationen und verknüpfte den Begriff mit der Vorstellung von Innovation, Diskontinuität und Fortschritt. In dieser Perspektive bildete die jeweils jüngere Generation unweigerlich eine Avantgarde, die Speerspitze des Fortschritts. Entfaltet man ein Erbenbewusstsein, wird hingegen sichtbar, wie sehr in der Kette der Generationen diese einander einen Staffelstab weitergeben, wie sehr Spätere die Jüngeren beeinflussen und ihnen Ressourcen und Lasten übermitteln. Ingold entwickelt dementsprechend die Vision eines neuen Generationenvertrags, in dem die Generationen nicht als Konkurrenten, sondern als Bündnispartner auftreten. Die Generationen der Gegenwart erscheinen dann nicht isoliert, sondern als Glieder einer langen Kette zwischen den Toten und den noch nicht Geborenen.

Damit schält sich jedoch auch eine veränderte Perspektive auf die Zukunft heraus. Es wäre verfehlt, das Erbenbewusstsein nur auf die Beziehung zwischen Vergangenheit und Gegenwart zu beziehen. Während in der klassischen Moderne die Zukunft als ein offener Möglichkeitsraum erschien, in dem künftige Errungenschaften stattfinden würden, die sich in ihrer Kühnheit noch gar nicht absehen ließen, betrachtet die Spätmoderne die Zukunft verstärkt unter dem Aspekt, was die Gegenwart dieser Zukunft *vererben wird*. Es gilt das Futur II: Was werden wir vererbt haben – und welche Auswirkungen wird dieses Erbe im Positiven wie im Negativen auf die nachfolgenden Generationen haben? Der populäre Begriff der Nachhaltigkeit ist letztlich eine Umschreibung für ein solches zukunftsbezogenes Erbenbewusstsein.

An die Stelle der klassisch-modernen Annahme einer Diskontinuität zwischen Gegenwart und Zukunft tritt in der Spätmoderne die Vorstellung,

35 Tim Ingold, *The Rise and Fall of Generation Now*. Cambridge: Polity 2024.

dass von der Gegenwart auf die Zukunft unweigerlich eine Übertragung stattfinden wird. Die heutige Gegenwart erscheint so als wirkmächtige Vergangenheit der zukünftigen Gegenwart. Es stellt sich den Gesellschaften nicht nur die Frage nach den in die Zukunft vererbten Lasten, sondern auch nach den Institutionen und Praktiken, die vererbt werden sollten. Damit gilt: Nicht zu erben ist ebenso unmöglich wie nicht zu *ver*erben. Das Erbe wird man so oder so nicht los.

Sebastian Conrad

Postkoloniale Theorie und Antisemitismus

Seit einiger Zeit ist der Angriff auf postkoloniale Theorie in vollem Gange. Die bevorzugte Waffe in dieser Auseinandersetzung ist der Antisemitismusvorwurf. Die AfD setzte in einem Antrag an den Bundestag im Mai 2024 den Ton. Darin rief sie die Regierung auf, »sich von postkolonialistischen und mit ihr zusammenhängenden antisemitischen Narrativen« zu distanzieren sowie »den Zusammenhang von postkolonialistischen Theorien und Antisemitismus« zu thematisieren.[1]

Der Antisemitismusbeauftragte der Bundesregierung, Felix Klein, hatte sich einige Jahre zuvor schon ähnlich geäußert. Er stellte die »Frage, wie es um das Verhältnis der *postcolonial studies* zum Antisemitismus bestellt ist«, das insgesamt zu wenig Beachtung finde, »auch international«. »Ganz offensichtlich kollidieren manche dieser Theorien mit unserer Erinnerungskultur.«[2] Im Frühjahr 2024 wurde er noch deutlicher. »Der ungeniert zur Schau gestellte Antisemitismus«, befand er nun umstandslos, »baut auf dem schiefen Theoriegebäude der postkolonialen Bewegung auf.«[3]

Auch Wissenschaftler stimmen in diesen Chor mit ein. Der Philosoph Ingo Elbe sieht im Postkolonialismus eine der Wurzeln einer »globalisierten ideologischen Offensive gegen Israel, Holocausterinnerung und Judentum«.[4] Auch eine ganze Reihe von Historikern hat sich die Formel »Postkolonialismus gebiert Antisemitismus« zu eigen gemacht. Die *Historische Zeitschrift* widmete dem Zusammenhang ein ganzes Themenheft, um die Anschuldigungen zu erhärten. Andreas Wirsching, Direktor des Instituts für Zeitgeschichte in München, stört sich daran, dass postkoloniale Ansätze liebgewonnene Axiome der deutschen Erinnerungspolitik infrage stellen – die Singularität des Holocaust, die systematische Trennung von Antisemitismus und Rassismus. Und nicht zuletzt sei bei postkolonialen Texten die Grenze zu »israelbezogenem Antisemitismus kaum erkennbar«.[5]

1 Antrag: Antisemitismus an der Wurzel bekämpfen. Deutscher Bundestag, Drucksache 20/12091, 2. Juli 2024.

2 Felix Klein, *Für eine Entschuldigung sehe ich keinen Anlass*. In: *Zeit* vom 19. Mai 2020.

3 Felix Klein, *Hierarchien des Hasses*. In: *FAZ* vom 21. Februar 2024.

4 Ingo Elbe, *Antisemitismus und postkoloniale Theorie. Der »progressive« Angriff auf Israel, Judentum und Holocausterinnerung*. Berlin: Edition Tiamat 2024.

5 Andreas Wirsching, *Antisemitismus, Israelkritik und die Aufgabe der Geschichtswissenschaft*. In: *Historische Zeitschrift*, Nr. 319, 2024.

In der breiteren Öffentlichkeit sind die Formulierungen häufig noch kompromissloser.[6] Mehr als fünfzig Zeitungsartikel hat Joël Glasman gezählt, die in den ersten sechs Monaten nach dem 7. Oktober 2023 in der deutschen Presse erschienen und die Angriffe auf postkoloniale Ansätze wiederholten.[7] Der Journalist Philipp Peyman Engel betitelte ein Kapitel seines jüngsten Buches umstandslos »Postkoloniale Endlösung«.[8]

Was hat es damit auf sich? Angesichts der Zunahme von antisemitischen Äußerungen und Handlungen in beinahe allen Milieus der Gesellschaft ist die Suche nach Ursachen eine wichtige Aufgabe. Aber wie kommt man darauf, in einer vergleichsweise schmalen wissenschaftlichen Strömung einen Hauptgrund zu erkennen? Und ist an dem Zusammenhang von postkolonialer Theorie und Antisemitismus etwas dran?

Begründungsversuche

Zunächst wäre zu fragen, wie die Kritiker den Zusammenhang zwischen Postkolonialismus und Antisemitismus herstellen und begründen. Drei unterschiedliche Strategien kommen dabei zum Einsatz. Alle drei, das sei vorweggenommen, können letzten Endes nicht überzeugen.

Das *erste* Argumentationsmuster greift weit zurück – weit vor die Publikation von Edward Saids *Orientalism* im Jahr 1978, das üblicherweise als Geburtsstunde der *postcolonial studies* angesehen wird. Dabei verschiebt sich der Fokus von post- zu antikolonialen Positionen. Konkret werden einzelnen Vertretern des antikolonialen Widerstands Kontakte oder sogar Affinitäten zum Nationalsozialismus nachgesagt. Zu der Handvoll Akteure, die regelmäßig genannt werden, gehört beispielsweise der zweifellos antisemitische Mufti von Jerusalem, Mohammed Amin al-Husseini, der 1936 bis 1939 den arabischen Aufstand gegen jüdische Einwanderer nach Palästina anführte und danach enge Kontakte zum Nazi-Regime pflegte; oder auch Subhash Chandra Bose, der auf Unterstützung des NS-Staats im indischen Unabhängigkeitskampf setzte.[9]

6 Vgl. etwa René Pfister, *›Postcolonial Studies‹: Wie der Hass auf Israel intellektuell veredelt wird*. In: *Spiegel online* vom 22. Oktober 2023.

7 Joël Glasman, *Wer hat Angst vor der Globalgeschichte? Aktivismus und »Außereuropa« aus feldtheoretischer Sicht*. In: *Geschichte & Gesellschaft*, Nr. 50, 2024.

8 Philipp Peyman Engel, *Deutsche Lebenslügen. Der Antisemitismus, wieder und immer noch*. München: dtv 2024.

9 So argumentieren Robert Gerwarth und Stephan Malinowski, *Jenseits von Schwarz und Weiß*. In: *Zeit* vom 9. Januar 2025.

Unabhängig von der Frage, ob es sich hier jeweils um weltanschauliche Nähe oder strategische Bündnisse handelte (das konnte sich von Fall zu Fall unterscheiden), bleibt jedoch unklar, was diese Verbindungen über postkoloniale Theorien und Forschung aussagen. Inwiefern können sie ein Licht auf die Arbeiten von Anne McClintock, Partha Chatterjee, Ann Laura Stoler oder Mrinalini Sinha werfen, um nur einige Namen zu nennen? Selbst mit viel Fantasie fällt es schwer, hier Verbindungen herzustellen.

Zweitens werden Aussagen einzelner Vertreter postkolonialer Theorie herangezogen, denen vorgeworfen wird, sich Israel-kritisch oder antisemitisch geäußert zu haben. So wird etwa auf Edward Said verwiesen, der symbolisch einen Stein gegen die israelische Grenze warf;[10] oder auf Achille Mbembe (auch wenn der von sich weist, »zur Denkschule des Postkolonialismus« zu gehören).[11] Häufig findet auch Judith Butler in diesem Zusammenhang Erwähnung, die jedoch keine postkoloniale Theoretikerin ist. Das Beispiel Butler zeigt schon, dass es den Kritikern häufig nicht leichtfällt, einschlägige Gewährsleute ausfindig zu machen. Welche gedankliche Akrobatik hier zum Teil nötig ist, zeigt der Beitrag von Andreas Wirsching, der als einzigen Kronzeugen für einen angeblichen postkolonialen Antisemitismus den afroamerikanischen Muslimführer Khalid Abdul Muhammad heranzieht – eine eigenwillige Wahl, da bislang noch niemand Muhammad als postkolonialen Denker identifiziert hatte (was vermutlich auch so bleiben wird).[12]

Generell sind die meisten Versuche, postkolonialen Theoretikern Antisemitismus nachzuweisen, im Sande verlaufen.[13] Unabhängig von empirischen Nachweisen stellt sich aber eine noch grundsätzlichere Frage: Was würde ein solcher Befund, gesetzt, es gäbe ihn, überhaupt aussagen? Welche Rückschlüsse kann man aus individuellen Äußerungen auf den Ansatz als Ganzes ziehen? Es wäre jedenfalls wenig überzeugend, wenn man etwa aus den antisemitischen Tiraden von Henry Ford schließen würde, Unternehmer, Autobauer (oder Amerikaner) seien generell von Judenhass erfüllt. Es käme auch niemand auf die Idee, den Holocaustleugner David Irving zum Anlass

10 Besonders unverfroren: Marcel Matthies, *Edward Said und die Judenfrage*. In: *FAZ* vom 25. September 2024.

11 Alexander Lacroix, *»Ich gehöre nicht zur Denkschule des Postkolonialismus«. Gespräch mit Achille Mbembe*. In: *Philosophie Magazin*, Nr. 70, Juni/Juli 2023 (www.philomag.de/artikel/achille-mbembe-ich-gehoere-nicht-zur-denkschule-des-postkolonialismus).

12 Wirsching, *Antisemitismus*. Wirsching selbst muss einräumen, dass »Muhammad ein ebenso radikaler wie umstrittener Aktivist« gewesen sei, der »keineswegs ... repräsentativ für ›den‹ Postkolonialismus« stehen könne.

13 Vgl. überzeugend Manfred Sing, *Edward Said und der Nahostkonflikt*. In: *FAZ* vom 17. November 2024.

zu nehmen, die Geschichtswissenschaft generell unter Antisemitismus-Verdacht zu stellen.

Was kann man aus Einzelfällen überhaupt schließen? Die Generalisierung muss jedenfalls gut begründet und aus der Logik des Gedankengebäudes selbst abgeleitet werden. Auch im Falle des Postkolonialismus müsste daher nachgewiesen werden, dass sich eine Nähe zum Antisemitismus aus den Annahmen und Prinzipien des theoretischen Ansatzes heraus ergibt. Der Versuch, eine solche inhärente Verbindung nachzuweisen, wird jedoch gar nicht erst unternommen.

Stattdessen wird, *drittens*, moniert, dass die massive öffentliche Kritik an Israels Palästina-Politik sich häufig auf eine Deutung Israels als Kolonialmacht stützt. Diese Interpretation bezieht sich einerseits auf die Aussagen von zionistischen Denkern und Politikern, von Theodor Herzl bis Benjamin Netanjahu; und andererseits auf die Politik der Landnahme, Verdrängung und Ermordung, nicht zuletzt durch gewaltbereite Siedler im Westjordanland und derzeit durch das Militär im Gazastreifen. Im Grunde ist erklärungsbedürftig, dass diese Lesart fast nur in der deutschen Diskussion als problematisch angesehen wird; international betrachtet ist das in der Tat ein Sonderweg.[14]

Besonders kontrovers und polemisch aufgeladen ist dabei die Diskussion um den Begriff des Siedlerkolonialismus. Gemeint ist eine Form der Einwanderung, die auf die Gründung eines eigenen Staates zielt und mit der Enteignung, Ermordung, Verdrängung oder erzwungenen Assimilation der indigenen Bevölkerung einhergeht.[15] Zwar gibt es sowohl zum Forschungsansatz als solchen als auch zur Passgenauigkeit im Fall Palästinas eine intensive Diskussion.[16] Aber es wäre unsinnig, bereits den Begriff selbst als spezifisch gegen Israel

14 Ein typisches Beispiel: Johannes Becke, *Weg mit den Schablonen*. In: *FAZ* vom 4. September 2024.

15 Die klassischen Referenztexte sind Patrick Wolfe, *Settler Colonialism and the Transformation of Anthropology. The Politics and Poetics of an Ethnographic Event*. London: Cassell 1999; Lorenzo Veracini, *Settler Colonialism. A Theoretical Overview*. London: Palgrave Macmillan 2010.

16 Vgl. etwa die Kritik von Adam Kirsch, *Siedlerkolonialismus. Ideologie, Gewalt und Gerechtigkeit*. Aus dem Englischen von Christoph Hesse. Berlin: Edition Tiamat 2025 sowie die ausgewogenere Einordnung von Cyrus Schayegh, *Settler Colonial Studies: A Historical Analysis*. In: *Settler Colonial Studies*, Nr. 14, 2024. Zur Frage, ob der Zionismus und Israels Politik (vor allem nach 1967) in Begriffen des Kolonialismus angemessen beschrieben werden, gibt es inzwischen eine breite Diskussion. Vgl. etwa die ganz unterschiedlichen Positionen bei Stefan Vogt, *Zionismusgeschichte und postcolonial studies. Überlegungen zu einem uneingestandenen Verwandtschaftsverhältnis*. In: *Werkstatt Geschichte*, Nr. 76, 2017; Derek J. Penslar, *Is Zionism a Colonial Movement*? In: Ethan B. Katz/Lisa Moses Leff/Maud S. Mandel (Hrsg.), *Colonialism and the Jews*.

gerichtet (oder sogar als antisemitisch) zu diskreditieren. Schließlich wurde er zunächst in erster Linie herangezogen, um die anglophonen Siedlergesellschaften in Australien und Neuseeland, in Südafrika und Rhodesien sowie in Kanada und den Vereinigten Staaten zu analysieren. Inzwischen dient er der kritischen Auseinandersetzung mit der Besiedlungsgeschichte in vielen Teilen der Welt – in Palästina, aber ebenso im französischen Algerien und dem italienischen Libyen, in Argentinien und Brasilien, in Korea, der Mandschurei und auf Taiwan, in Sibirien und auf Hokkaido.[17] Man kann den Ansatz für produktiv halten oder kritisch zu ihm stehen – aber das Problem kann nicht darin bestehen, dass er inzwischen auch auf Israel / Palästina bezogen wird.

Ohnehin basiert der offenkundige Reiz, der den Kolonialismus-Topos in der öffentlichen Debatte auszeichnet, nicht in erster Linie auf einem systematischen Vergleich oder auf einer differenzierten wissenschaftlichen Analyse – sondern vor allem auf der moralischen Wucht, die dem Begriff innewohnt. Einen Staat als Kolonialmacht zu bezeichnen ist dann vor allem eine Form der Abwertung, der negativen Stigmatisierung. Dabei ist es wenig überraschend, dass sich die Versuche, die Aufmerksamkeit der Weltöffentlichkeit zu erreichen, auf eines der beiden Narrative stützt, die gegenwärtig in der globalen Öffentlichkeit kursieren: den Holocaust und den Kolonialismus.[18] Beide Deutungsmuster beanspruchen universale Gültigkeit und fordern unmittelbare moralische Distanzierung ein. Es sind die stärksten rhetorischen Waffen, wenn es darum geht, Regime oder Handlungen zu brandmarken, und zwar überall, nicht nur im Nahen Osten. Jenseits der wissenschaftlichen Diskussion haben die Analogien immer auch Appellcharakter; Vergleiche mit dem Holocaust oder dem Kolonialismus sind dann sozusagen Hilferufe, die den historischen Fall nutzen, um eine gegenwärtige Situation »lesbar« zu machen – und zu verurteilen.[19]

Bloomington: Indiana University Press 2017; Bryan Cheyette, *Postcolonialism and the Study of Anti-Semitism*. In: *American Historical Review*, Nr. 123/4, Oktober 2018.

17 Vgl. beispielsweise Annie E. Coombes (Hrsg.), *Rethinking Settler Colonialism: History and Memory in Australia, Canada, Aotearoa New Zealand and South Africa*. Manchester University Press 2006; Walter L. Hixson, *American Settler Colonialism: A History*. London: Palgrave Macmillan 2013; Jun Uchida, *Brokers of Empire. Japanese Settler Colonialism in Korea, 1876–1945*. Harvard University Asia Center 2014; Lin-Chin Tsai, *Re-Conceptualizing Taiwan: Settler Colonial Criticism and Cultural Production*. Dissertation, UCLA 2019 (escholarship.org/uc/item/30h7d8r5).

18 Charles S. Maier, *Consigning the Twentieth Century to History: Alternative Narratives for the Modern Era*. In: *The American Historical Review*, Nr. 105/3, Juni 2000.

19 Jie-Hyun Lim, *Victimhood Nationalism: History and Memory in a Global Age*. New York: Columbia University Press 2025.

Aber es wäre ein Missverständnis, aus diesen vor allem politisch motivierten Vergleichen Schlussfolgerungen über die Kategorien Holocaust und Kolonialismus selbst abzuleiten. Wenn etwa Iris Chang in ihrem Buch das japanische Massaker in Nanjing als »vergessenen Holocaust« bezeichnet oder wenn Abtreibungsgegner in den USA Schwangerschaftsabbrüche als Holocaust und »Endlösung« brandmarken – dann käme niemand auf die Idee, Martin Broszat oder Ian Kershaw für diese Analogien zur Rechenschaft zu ziehen.[20] Ähnliches gilt auch für postkoloniale Ansätze. Die Arbeiten von Catherine Hall oder Homi Bhabha sind nicht weniger anregend oder plausibel, nur weil der Kolonialismus-Topos in politischen Auseinandersetzungen Konjunktur hat.

Postkoloniale Errungenschaften

Die Antisemitismus-Vorwürfe werden in den allermeisten Fällen von Autoren und Autorinnen erhoben, die sich mit postkolonialer Theorie bislang kaum beschäftigt haben. Die mangelnde Sachkenntnis in der gegenwärtigen Debatte sollte jedoch nicht im Umkehrschluss dazu führen, postkoloniale Ansätze gegenüber jeder Kritik zu immunisieren. Das Getöse um angeblichen Antisemitismus lenkt ab von einer offenen Diskussion über Leistungen und Grenzen postkolonialer Ansätze. Angesichts der vielfältigen Ausformungen der Theorie und der Heterogenität der damit verbundenen Positionen, die sich kaum mehr in einer Definition einfangen lassen, ist das schwierig genug.[21]

Zu den unzweifelhaften Errungenschaften postkolonialer Theorie gehört die Einsicht, in welch starkem Maße die Geschichte der modernen Welt durch koloniale Machtverhältnisse geprägt war. Sie beinhaltet eine Kritik an der Vorstellung, die europäische / westliche Entwicklung sei abgekoppelt vom »Rest« der Welt verlaufen und könne daher aus sich heraus verstanden werden. Viele zentrale Entwicklungen – wie die Industrialisierung, die Aufklärung, die Menschenrechte, die Entstehung der modernen Wissenschaften – fanden in Kontexten statt, die nicht fein säuberlich von der Geschichte von Sklaverei und Kolonialismus getrennt werden können. Auch die kolonisierenden

20 Iris Chang, *The Rape of Nanking: The Forgotten Holocaust of World War II*. New York: Basic Books 1997; William Brennan, *Abortion Holocaust: Today's Final Solution*. St. Louis: Landmark Press 1983.

21 Als Überblick über *postcolonial studies* im deutschen Sprachraum vgl. Sebastian Conrad / Shalini Randeria / Regina Römhild (Hrsg), *Jenseits des Eurozentrismus. Postkoloniale Perspektiven in den Geschichts- und Kulturwissenschaften*. Frankfurt: Campus 2013; María do Mar Castro Varela / Nikita Dhawan, *Postkoloniale Theorie. Eine kritische Einführung*. Bielefeld: transcript 2020; Ina Kerner, *Postkoloniale Theorien: Eine Einführung*. Frankfurt: Junius 2021.

Gesellschaften, nicht zuletzt in Europa, waren von kolonialen Herrschaftsverhältnissen geprägt.

Hinzu kommt das Insistieren darauf, dass die Geschichte des Kolonialismus mit der formalen Unabhängigkeitserklärung nicht vorbei war. Viele Abhängigkeitsverhältnisse, nicht zuletzt auf wirtschaftlichem Gebiet, dauerten an. Überdies verfolgten auch die Eliten in vielen unabhängig gewordenen Staaten eine Form der Politik, die sich von der der Kolonialzeit nicht grundlegend unterschied. Vielmehr knüpften Nationsbildung und Modernisierung häufig an die Entwicklungspolitik der Kolonialmächte an, wenn auch mit neuem Personal. Wenn etwa Gandhi warnte, die neue indische Regierung sei nichts anderes als »English rule without the Englishmen«, dann befürchtete er eine Herrschaft, die auf ähnlichen Prämissen und ideologischen Grundlagen beruhte wie der Kolonialismus auch.

Mit dem »post« in postkolonial ist mithin zweierlei gemeint: einerseits ein zeitliches »danach«, also nach dem formalen Ende kolonialer Herrschaft; andererseits aber ein »danach« oder »jenseits« im übertragenen Sinne. Postkoloniale Kritik zielt auch auf die Überwindung zentraler Annahmen des kolonialen Diskurses. Viele gegenwärtige Forderungen, eurozentrische Begriffe und angeblich universal gültige Werte kritisch zu reflektieren sowie Lehrpläne und wissenschaftliche Disziplinen, Museen, Theaterspielpläne und generell den kulturellen Kanon zu »dekolonisieren«, schließen an diese Forderung an.

Ganz allgemein gesprochen haben postkoloniale Ansätze damit einen wichtigen Beitrag zu einem komplexeren Verständnis der Moderne geleistet. Bisherige Sozialtheorien – ob sie sich nun auf Marx, Weber oder Foucault bezogen – hatten gesellschaftliche Entwicklung im wesentlichen »internalistisch« verstanden: Wandel wurde im Kern innerhalb einzelner Gesellschaften untersucht und aus sich heraus erklärt. Während in den gängigen Sozialtheorien also die zeitlichen Veränderungen innerhalb einer Gesellschaft im Vordergrund standen, sind durch postkoloniale Ansätze auch die Machtbeziehungen und Wechselwirkungen im Raum stärker in den Blick geraten. Hinter diese Anregungen wird man im globalisierten 21. Jahrhundert kaum wieder zurückgehen können.[22]

22 Dieser Absatz beruht auf Sebastian Conrad, *Anklage eines Ansatzes*. In: *FAZ* vom 14. Februar 2024.

Grenzen postkolonialer Ansätze

Zugleich gibt es aber auch gut begründete Kritik an postkolonialen Studien, die auf Schwachstellen und Grenzen des Ansatzes hinweist. Vier Aspekte sind hier vor allem zu nennen.

Erstens stützt sich das postkoloniale Paradigma auf einen sehr allgemeinen und daher bisweilen wenig aussagekräftigen Begriff von Kolonialismus. Die Annahme, die Welt sei seit 1492 kolonial formatiert, kann damit einhergehen, die fundamentalen Unterschiede kolonialer Herrschaft, von den auf Ausbeutung von Rohstoffen angelegten Imperien der Frühen Neuzeit bis hin zu den komplexen Strukturen informeller Imperienbildung und finanzieller Durchdringung in der Gegenwart, zu vernachlässigen. Die »koloniale Situation« manifestierte sich von Ort zu Ort auf sehr verschiedene Weise.[23] Schon im kurzlebigen deutschen Kolonialreich waren die Unterschiede zwischen einigen afrikanischen Kolonien, in denen die Schulbildung der Bevölkerung strikt begrenzt wurde, und dem chinesischen Kiautschou, wo 1911 eine Hochschule eingeweiht wurde, enorm. Ein zu allgemeiner Begriff von Kolonialismus kann leicht dazu führen, die jeweilige räumlich-zeitliche Besonderheit von Herrschaftsformen, sozialen Unterschieden und kultureller Dynamik einzuebnen.

Zweitens stehen in den empirischen Arbeiten häufig kulturelle Deutungsmuster und Diskurse im Vordergrund, während politische und ökonomische Zusammenhänge weniger Berücksichtigung finden. Im Umkehrschluss hat das dazu geführt, dass andere Dimensionen – politische Herrschaft, aber auch die prägende Kraft kapitalistischer Strukturen – zu sehr in den Hintergrund geraten sind.[24]

Drittens ist eingewandt worden, dass die Fixierung auf die Beziehung zwischen Kolonisierenden und Kolonisierten eine binäre Struktur vorgibt, die nicht immer in der Lage ist, die Komplexität der globalisierten Welt ausreichend zu erfassen. Länder, Institutionen, aber auch einzelne Akteure lassen sich nicht immer eindeutig einem der beiden Pole zuweisen; die Realität

23 Georges Balandier, *Die koloniale Situation. Ein theoretischer Ansatz* [1951]. In: Rudolf von Albertini (Hrsg), *Moderne Kolonialgeschichte*. Köln: Kiepenheuer & Witsch 1970.

24 Vgl. etwa Arif Dirlik, *The Postcolonial Aura. Third World Criticism in the Age of Global Capitalism*. In: Padmini Mongia (Hrsg), *Contemporary Postcolonial Theory: A Reader*. London: Hodder Arnold 1996; Vinay Bahl, »*Subaltern Studies*« – *Was ist schief gelaufen?* In: *Sozial.Geschichte*, Nr. 2/2005; Sumit Sarkar, *The Decline of the Subaltern in Subaltern Studies*. In: Ders., *Writing Social History*. Delhi: Oxford University Press 1997; Vivek Chibber, *Postcolonial Theory and the Specter of Capital*. London: Verso 2013.

war in der Praxis häufig ambivalenter und erfordert eine analytische Herangehensweise, die offen ist für Nuancen und Ambivalenzen.

Und schließlich, *viertens*, sind postkoloniale Ansätze nicht immer davor gefeit, die vorkoloniale Vergangenheit in zu rosigen Farben zu malen. Der Fokus auf Kolonialismus als zentralem erklärenden Faktor kann dazu verleiten, die Zäsur der Kolonisierung analytisch überzubewerten. Die Kritik an bestimmten Ausprägungen der westlichen Moderne kann dann zu einem idealisierten Bild vorkolonialer und indigener Kulturen führen, auch wenn der überwiegende Schwerpunkt der postkolonialen Forschung auf der Moderne liegt.

Postkolonial und dekolonial

Bei diesem letzten Punkt ist es allerdings wichtig, zwischen postkolonialen und dekolonialen Ansätzen zu unterscheiden – eine Unterscheidung, die in der öffentlichen Debatte der letzten Jahre kaum vorgenommen wurde. Gewiss existieren einige Überschneidungen; die beiden Richtungen lassen sich daher nicht fein säuberlich voneinander trennen. Gleichwohl gibt es grundlegende Differenzen. Dekoloniale Kritik versteht sich als eine viel grundlegendere Infragestellung »der Moderne« und inszeniert sich explizit in Absetzung, wenn nicht gar Überbietung der *postcolonial studies*. Walter Mignolo, einer der einflussreichsten dekolonialen Denker, macht diese Differenz sehr deutlich: »Die Programmatik der De-Kolonialität entfernt sich von postkolonialen Ansätzen und geht über sie hinaus [...] Mit anderen Worten: Die dekoloniale Neuausrichtung ist ein Projekt der Entkopplung, während die postkoloniale Kritik und Theorie ein Projekt der wissenschaftlichen Transformation innerhalb der Akademie ist.«[25]

Der zentrale systematische Unterschied besteht dabei in dem Verhältnis zu vorkolonialen Traditionen und Wissensbeständen. Postkoloniale Theoretiker analysieren die grundlegende Transformation, die viele Gesellschaften im Zeitalter des Kolonialismus und im Zuge der Ausbreitung kapitalistischer Märkte erfahren haben, zwar in kritischer Absicht, erkennen sie aber grundsätzlich als historische Realität an. Kolonialismus hat stattgefunden, und man kann die gegenwärtige Welt nur als sein Ergebnis verstehen.Es geht ihnen daher darum, die gewaltförmigen Umwälzungen zu rekonstruieren, die

25 Walter D. Mignolo, *Delinking: The Rhetoric of Modernity, the Logic of Coloniality, and the Grammar of De-Coloniality*. In: *Cultural Studies*, Nr. 21/2, 2007. Vgl. auch Walter D. Mignolo, *The Darker Side of Western Modernity: Global Futures, Decolonial Options*. Durham: Duke University Press 2011.

häufig von Begriffen wie »Fortschritt« oder »Modernisierung« zugedeckt werden – ohne jedoch das Rad der Geschichte zurückdrehen zu wollen.

Diese Sichtweise unterscheidet sich von dekolonialen Positionen, die dazu tendieren, ihre Kritik noch viel stärker auf die Ebene der Wissensregime zu konzentrieren. So stellt etwa Walter Mignolo programmatisch fest: »Was zählt, ist nicht Wirtschaft, Politik oder Geschichte – sondern Wissen.«[26] Häufig wird eine grundlegende Kritik an der »Episteme der Moderne« mit der Forderung nach Rehabilitierung vorkolonialer Wissensformationen verbunden. Dann werden indigene Wissensformen – in Lateinamerika etwa zurückgehend auf Traditionen der Aymara, Quechua oder Maya – mobilisiert, um auf diese Weise die binären Denkstrukturen und Formen sozialer Ungleichheit, die mit modernen Denkmustern assoziiert werden, zu überwinden.[27] Dieser Versuch, aus der Moderne auszubrechen, idealisiert vormoderne Wissensbestände – wobei häufig unklar bleibt, ob diese Ressourcen die Entwicklung der letzten Jahrhunderte unbeschadet überstanden haben und welche Problemlösungskapazitäten sie im 21. Jahrhundert haben können. Etwas überspitzt ausgedrückt: Dekoloniale Deutungsmuster sind häufig die kulturessenzialistischen Geschwister postkolonialer Ansätze.[28]

Postkolonialismus von rechts

In den letzten Jahren ist noch ein weiterer Aspekt kritisch diskutiert worden: die Vereinnahmung postkolonialer Rhetorik durch nationalistische und rechtsradikale Kreise. Traditionell wurden postkoloniale Ansätze mit dem progressiven Lager assoziiert; die Kritik an Ausbeutung, Rassismus und sozialer Ungleichheit entsprach der Agenda der politischen Linken. In jüngster Zeit haben aber auch autoritäre Regime zunehmend den propagandistischen

26 Catherine E. Walsh / Walter D. Mignolo, *On Decoloniality: Concepts, Analytics, Praxis*. Durham: Duke University Press 2018.

27 Vgl. beispielsweise Stefano Varese, *Indigenous Epistemologies in the Age of Globalization*. In: Juan Poblete (Hrsg.), *Critical Latin American and Latino Studies*. Minneapolis: University of Minnesota Press 2002; Madina V. Tlostanova / Walter D. Mignolo, *Learning to Unlearn: Decolonial Reflections from Eurasia and the Americas*. Columbus: Ohio State University Press 2012.

28 Für eine Kritik an dekolonialen Ansätzen vgl. die (wiederum sehr unterschiedlichen) Beiträge von Pheng Cheah, *The Limits of Thinking in Decolonial Strategies*. In: *Townsend Newsletter*, November / Dezember 2006; Claire Gallien, *A Decolonial Turn in the Humanities*. In: *Alif: Journal of Comparative Poetics*, Nr. 40, 2020; Olúfemi Táíwò, *Against Decolonization: Taking African Agency Seriously*. London: C. Hurst & Co 2022; David Myer Temin, *A decolonial wrong turn: Walter Mignolo's epistemic politics*. In: *Constellations*, Nr. 32/1, 2024.

Wert des Arguments, die eigene Gesellschaft werde (vornehmlich vom »Westen«) kolonisiert, für sich entdeckt. Narendra Modi etwa propagiert eine Version der Geschichte Indiens, die ein Millennium lang von Kolonisierung geprägt gewesen sei – 750 Jahre lang durch muslimische Eroberer und danach 250 Jahre durch die Briten. Viele autokratische Politiker wie Wladimir Putin, Recep Erdoğan oder Rodrigo Duterte gefallen sich ebenfalls darin, den Status als Opfer eines westlichen Imperialismus für sich zu reklamieren. Aber auch in Europa – man denke an Viktor Orbán oder den rechtsradikalen französischen Schriftsteller Renaud Camus, den Vordenker der Theorie des *Grand Remplacement* (Großer Austausch), der sich auf Frantz Fanon und andere postkoloniale Denker beruft – hat die These einer Kolonisierung Konjunktur.[29]

Diesem Narrativ zufolge werden die kulturelle Entfaltung und die Bewahrung traditioneller Werte der eigenen Gesellschaft durch Einwanderung, Säkularismus, liberale Eliten, feministische und queere Bewegungen oder universale Menschenrechte gefährdet. Es überrascht nicht, dass der russische rechtsextreme Philosoph Aleksandr Dugin, der Chefideologe Putins, der sich auch unter weißen Nationalisten in den westlichen Gesellschaften einer gewissen Beliebtheit erfreut, den Eurozentrismus kritisiert und vor seinem Publikum in Indien und China von »Multipolarität« und »Dekolonisierung« spricht. In der Regel gehen diese Bedrohungsszenarien mit einer Beschwörung eines völkischen Nationalismus einher.

Aber ist dieser autoritäre Postkolonialismus nicht lediglich eine illegitime Vereinnahmung, die emanzipatorische Theorien zu niederen Zwecken kapert? Können diese Aneignungen überhaupt einen Schatten auf postkoloniale Ansätze werfen? Immerhin stellen die Wenigsten den Wert der Demokratie infrage, nur weil Putin oder J. D. Vance sich in ihrem illiberalen Gesellschaftsbild ebenfalls darauf berufen. Aber damit würde man es sich zu leicht machen. Gewiss: Die Eurozentrismus-Kritik aus dem Munde rechter Diktatoren und Ideologen der Neuen Rechten ist vor allem Propaganda. Aber gleichwohl bleibt, dass die Kritik an eurozentrischen Kategorien und an einer Kolonisierung durch imperiale Mächte oder kulturelle Hegemonen nicht per definitionem weltanschaulich gebunden ist.[30]

29 Claus Leggewie, *Anti-Europäer. Breivik, Dugin, al-Suri & Co.* Berlin: Suhrkamp 2016.

30 Chenchen Zhang, *Postcolonial Nationalism and the Global Right.* In: *Geoforum*, Nr. 144, 2023; Miri Davidson, *Decolonialism of the Far Richt.* In: *e-flux Notes* vom 24. Mai 2024 (www.e-flux.com/notes/610730/decolonialism-of-the-far-right). Vgl. auch die Beiträge zum Workshop »BRICS Postcolonialism«, Einstein Forum Potsdam, 20./21. Februar 2025 (www.einsteinforum.de/tagung/brics-postcolonialism/).

MERKUR
900

MERKUR
900

Worum geht's?

Keine Frage: Wer sich mit den Chancen und Grenzen der *postcolonial studies* befassen möchte, fände genug Ansatzpunkte. Wenn es um eine kritische inhaltliche Auseinandersetzung ginge, würde man vermuten, dass die Diskussion an Punkten wie den oben skizzierten ansetzt – das heißt bei Elementen, die dem Ansatz inhärent sind, aber gleichwohl methodische, interpretatorische oder politische Herausforderungen und auch Probleme mit sich bringen. Zugleich müsste es darum gehen, die nach wie vor produktiven Anregungen der *postcolonial studies* weiterzuentwickeln.

Davon kann jedoch in der öffentlichen Debatte der letzten Jahre keine Rede sein. Statt einer echten Auseinandersetzung wird gebetsmühlenartig der Antisemitismus-Vorwurf mobilisiert – meist in weitgehender Unkenntnis postkolonialer Forschung und Literatur. Es liegt daher nahe, zu fragen, was hinter dieser Obsession steckt.[31] Wenn diejenigen, die den Vorwurf erheben, sich für postkoloniale Ansätze gar nicht interessieren – worum geht es ihnen dann?

Nun darf man die Postkolonialismus = Antisemitismus-Fraktion nicht umstandslos über einen Kamm scheren. Die politischen Positionen, die jeweils hinter den Angriffen stehen, unterscheiden sich zum Teil grundlegend. So verbindet die AfD ihre Kritik mit dem Bemühen, die deutsche Kolonialgeschichte wieder in positiverem Licht erscheinen zu lassen. In einem Antrag an den Bundestag im Jahr 2019 machte sie »die ideologiegetriebene postkoloniale Theoriebildung« dafür verantwortlich, »dass die gewinnbringenden Seiten der deutschen Kolonialzeit erinnerungspolitisch keinen Niederschlag finden«.[32] Felix Klein wiederum wittert unermüdlich antisemitische Motive hinter (ihm) missliebigen Positionen und fordert den Einsatz des Verfassungsschutzes »gerade auch in der akademischen Welt«. Er selbst wiederum bezeichnete im Frühjahr 2025 Donald Trumps Pläne zur Zwangsumsiedlung

31 Für kritische Perspektiven auf den Antisemitismus-Vorwurf vgl. Aram Ziai, *Der Streit über postkoloniale Studien: Es geht letztlich um gleiche Rechte für alle Menschen*. In: *FR* vom 4. Januar 2024 (www.fr.de/kultur/gesellschaft/der-streit-ueber-postkoloniale-studien-es-geht-letztlich-um-gleiche-rechte-fuer-alle-menschen-92758868.html); Stefan Ouma, *Kritik an Postkolonialen Theorien. Revanchistischer Kulturkampf*. In: *taz* vom 24. April 2024 (taz.de/Kritik-an-Postkolonialen-Theorien/!6000114/); Patricia Purtschert / Barbara Lüthi / Francesca Falk, *Der Aufbruch zu einer gemeinsamen Gegenwart*. In: *Republik* vom 13. Mai 2024; Robert Heinze, *Postkolonialismus unter Druck*. In: *Spiegel Online* vom 19. September 2024.

32 Marc Jongen u.a., *Die deutsche Kolonialzeit kulturpolitisch differenziert aufarbeiten*. Deutscher Bundestag, Drucksache, 11. Dezember 2019.

in seinem Riviera-Plan für Gaza als »nicht verkehrt«.[33] Von solchen Fantasien des Revisionismus, der Kontrolle und der Vertreibung sind die meisten Historiker und Historikerinnen, die ebenfalls in das Antisemitismus-Horn stoßen, weit entfernt.

Vor diesem Hintergrund kann nicht überraschen, dass auch die Postkolonialismus-Kritik für unterschiedliche Zwecke eingesetzt werden kann. Ohnehin darf nicht übersehen werden, dass sie nur ein Teil der generellen Instrumentalisierung des Antisemitismus-Vorwurfs ist, der seit einigen Jahren für alle möglichen politischen Ziele eingesetzt wird.[34]

Zwei Anliegen stechen dabei besonders ins Auge. Zum einen wird die Engführung von postkolonialen Positionen mit der Antisemitismus-Unterstellung genutzt, um gegen die Migrationspolitik seit 2015 zu agitieren, die als zu permissiv wahrgenommen wird. Postkolonialismus wird dann als Ideologie von Migranten und Migrantinnen vor allem aus dem Mittleren Osten dargestellt, die wiederum antisemitische Ressentiments nach Deutschland importiert hätten. Deutschland sehe sich vor allem mit einem »importierten Antisemitismus« konfrontiert, der aus der arabischen und/oder muslimischen Welt eingeführt worden sei. »Offen gesagt«, sagte der deutsche Bundeskanzler Friedrich Merz noch im Juni 2025, »haben wir eine Art importierten Antisemitismus mit dieser großen Zahl von Migranten«, die seit 2015 nach Deutschland gekommen seien.[35]

Um die Zuwanderung nach Deutschland einzudämmen, drängen konservative und rechte Parteien seitdem auf Verfahren, bei denen potenzielle Zuwanderer auf Antisemitismus getestet werden müssen. Der Fall eines Palästinensers, dessen Antrag auf Einbürgerung durch das Amtsgericht Regensburg abgelehnt wurde, weil seine Aussage offenlasse, »wo er [der Antragsteller] den Schuldigen [!] an den aktuellen Auseinandersetzungen im Nahen

33 Daniel Bax, *Felix Klein will mehr Trump wagen*. In: *taz* vom 4. März 2025 (taz.de/Meinungsfreiheit-in-Deutschland/!6070353/); Erkan Pehlivan, *»Nicht verkehrt«: Antisemitismusbeauftragter sieht Trump-Plan für Gaza positiv*. In: *FR* vom 6. März 2025 (www.fr.de/politik/palaestinenser-un-antisemitismusbeauftragter-klein-sieht-trump-plan-fuer-gazastreifen-positiv-trump-93607290.html); Hanno Hauenstein, *Felix Klein ist nur die Spitze des Eisbergs*. In: *Jacobin* vom 10. März 2025 (jacobin.de/artikel/israel-palaestina-gaza-antisemitismus-trump-bundesregierung-staatsraeson-voelkermord).

34 Stefan Hirschauer, *Wer definiert, was Antisemitismus ist?* In: *Merkur*, Nr. 909, Februar 2025.

35 *Merz weist im Fox-News-Interview Kritik wie von JD Vance zurück – und spricht über »importierten Antisemitismus« in Deutschland*. In: *Deutschlandfunk* vom 6. Juni 2025. Aufschlussreich zu dieser Thematik: Esra Özyürek, *Subcontractors of Guilt: Holocaust Memory and Muslim Belonging in Postwar Germany*. Stanford University Press 2023.

Osten sehe«, zeigt, welch diskriminierende Wirkung solche Bestimmungen entfalten können.[36]

Der zweite Hintergrund der Angriffe auf postkoloniale Ansätze sind Versuche, die Vielfalt des kulturellen Feldes einzudämmen, wobei Universitäten und die Kunstszene die primären Ziele sind. Das Beharren auf der Einzigartigkeit des Holocaust und der Vorwurf des Antisemitismus gehen Hand in Hand mit scharfer Kritik an Positionen, die heute als postmodern oder »identitätspolitisch« verschrien sind. Die Debatte hat sich zu einem regelrechten Kulturkampf entwickelt, in dem ein ganzes Arsenal von Begriffen – darunter post- und dekolonial, aber auch Feminismus, globaler Süden, Gender, queer oder »woke« – stigmatisiert wird.

Solche Kreuzzüge sind dabei keine deutsche Besonderheit; man kann ähnliche Angriffe, insbesondere auf die Hochschulautonomie, gegenwärtig in vielen westlichen Gesellschaften beobachten. In den Vereinigten Staaten gab der rechtsradikale Aktivist Christopher Rufo schon im Oktober 2023, wenige Tage nach dem Angriff der Hamas, das Startsignal: »Als Konservative müssen wir sicherstellen, dass in der Öffentlichkeit eine enge Beziehung zwischen Hamas, Black Lives Matter und akademischer ›Dekolonisierung‹ hergestellt wird. Schafft die Verbindungen, und dann: Angriff, Delegitimierung, Diskreditierung. Macht aus ihnen politische Unberührbare.«[37] Anderthalb Jahre später begann der Feldzug der amerikanischen Regierung gegen zahlreiche Elite-Universitäten des Landes. Er ist nur der Gipfel dieses viel weiter reichenden Trends. Donald Trump und die MAGA-Bewegung instrumentalisieren den Antisemitismus-Vorwurf, um White Supremacy an den amerikanischen Hochschulen wiederherzustellen.

Trumps Maßnahmen mögen sich für einen demokratischen Staat extrem ausnehmen; aber die Antisemitismus-Unterstellungen gegenüber postkolonialen Ansätzen, die Bundestags-Resolution zu Antisemitismus an Hochschulen und der Ruf von Felix Klein und einzelnen CDU-Politikern nach Einsatz des Verfassungsschutzes an Universitäten zeigen, dass die Kontrollfantasien nicht auf die Vereinigten Staaten begrenzt bleiben. Die Art und Weise, wie Trump den Antisemitismus-Vorwurf nutzt, um unabhängige Institutionen gefügig zu machen, müsste allerdings auch hierzulande allen, die sich einer ähnlichen Rhetorik bedienen, zu denken geben.

36 Florian Meinel, *Die Idee der Staatsräson im neuesten deutschen Recht*. In: *Verfassungsblog* vom 2. Januar 2025 (verfassungsblog.de/die-idee-der-staatsrason-im-neuesten-deutschen-recht/).

37 Christopher F. Rufo auf *X* am 13. Oktober 2023 (x.com/realchrisrufo/status/1712938775834185891).

Wohin jetzt?

Zunächst einmal gilt es, die Maßstäbe wieder zurechtzurücken. Es ist ja auffällig, dass sich angesichts der unermesslichen Grausamkeiten des Krieges in Palästina die Diskussion in den deutschen Medien sehr stark um sich selbst dreht. Nicht die Ermordung tausender Zivilisten in Gaza, nicht das Leid der Geiseln, die von Siedlern drangsalierten Bewohner des Westjordanlands stehen dann im Zentrum, sondern die Zulässigkeit bestimmter Vokabeln, die Definition von Antisemitismus, die auf Demonstrationen erlaubte Sprache. In der Berichterstattung nahm die Frage nach der Legitimität der deutschen Waffenlieferungen häufig weniger Raum ein als die Empörung darüber, wer dies oder das gesagt hat.

Gleichwohl wäre es auch in der hier behandelten Diskussion ein sinnvoller Schritt, von dem Lager-Denken Abstand zu nehmen, das mit den beiden moralischen Narrativen – Kolonialismus / Rassismus und Holocaust / Antisemitismus – verbunden wird. All diese Begriffe sind inzwischen zu identitätspolitischen Markierungen geworden, die häufig mit Freund-Feind-Denken und einer hohen affektiven Aufladung einhergehen.

In der wissenschaftlichen Diskussion herrscht längst Einigkeit, dass eine fein säuberliche Abgrenzung zwischen beiden Kategorien nicht möglich und auch nicht hilfreich ist. Antikoloniale Akteure konnten antisemitische Haltungen entwickeln, während umgekehrt der NS-Staat sich an kolonialen Vorbildern orientierte. Zugleich konnten aber auch Solidaritäten entstehen, die eine Kritik an Antisemitismus und an imperialen Verhältnissen miteinander verbanden. Michael Rothberg hat gezeigt, wie solche Allianzen aussehen konnten. Dass gerade sein Buch, das wie ein vermittelnder Vorschlag zwischen den beiden Lagern verstanden werden müsste, sich in Deutschland so heftiger Kritik ausgesetzt sah, zeigt, wie stark die binäre Logik die öffentliche Debatte bereits prägt.[38]

Die Debatte über den angeblich antisemitischen Charakter postkolonialer Ansätze ist eine Nebelkerze. Dahinter verbergen sich viel grundlegendere Konflikte, die die Haltung zu gesellschaftlicher Veränderung, zu Diversität und insgesamt das Selbstverständnis der deutschen Gesellschaft betreffen. Wenn Markus Söder sich von der Regierungskoalition 2025 eine »Rückkehr zu einem alten Deutschland« erhofft, zu einem »Deutschland der

38 Michael Rothberg, *Multidirektionale Erinnerung. Holocaustgedenken im Zeitalter der Dekolonisierung*. Aus dem Englischen von Max Henninger. Berlin: Metropol 2021.

Normalität«, dann drückt er nur die Sorge vor Veränderung aus, die offenbar vielen Menschen zu schaffen macht.[39]

Die Forderung nach einer »Provinzialisierung Europas« gehört zu den meistzitierten Formulierungen aus der postkolonialen Literatur. Dipesh Chakrabarty verband damit eine Reflexion über Begriffe und Konzepte, denen universale Gültigkeit zugesprochen wurde, obwohl sie lediglich auf europäischen Erfahrungen beruhten.[40] Inzwischen ist die Provinzialisierung Europas in vollem Gange, allerdings auf ganz andere Weise, als Chakrabarty das im Sinn hatte: Europa ist tatsächlich geopolitisch zu einer Provinz geworden. Der verzweifelte Versuch, die Einzigartigkeit Europas und der westlichen Zivilisation zu beschwören, ist ein Symptom dieser Provinzialisierung.[41] Ein großer Teil der gegenwärtigen Sehnsucht nach Rückkehr – zu »Normalität«, zur Zeit vor der Postmoderne, vor der Globalisierung; Sehnsucht nach einer Zeit, in der Europa noch das Maß aller Dinge war – hat nicht zuletzt mit diesem Bedeutungsverlust zu tun.

39 Gerrit Bartels, *Zurück zum alten Deutschland? Markus Söder ist ein Meister im Verdrängen*. In: *Tagesspiegel* vom 25. Februar 2025.

40 Dipesh Chakrabarty, *Provincializing Europe. Postcolonial Thought and Historical Difference*. Princeton University Press 2000.

41 Niall Ferguson, *Civilization: The West and the Rest*. Penguin: London 2011; John M. Headley, *The Europeanization of the World: On the Origins of Human Rights and Democracy*. Princeton University Press 2008; Anthony Pagden, *Worlds at War: The 2,500-Year Struggle between East and West*. London: Random House 2008; Heinrich August Winkler, *Geschichte des Westens: Von den Anfängen in der Antike bis zum 20. Jahrhundert*. München: Beck 2009; Toby E. Huff, *Intellectual Curiosity and the Scientific Revolution: A Global Perspective*. Cambridge University Press 2010; Ricardo Duchesne, *The Uniqueness of Western Civilization*. Leiden: Brill 2011.

Daniel Ehrmann / Erika Thomalla

Die alte populäre Öffentlichkeit

Die kulturellen Hierarchien eines sich wandelnden Buchmarkts

Anlässlich seiner Auszeichnung mit dem erstmals ausgelobten Friedrich-Perthes-Preis am 5. Juni 2025 ließ der Literaturkritiker Denis Scheck seiner Wut über eine »Hirnpest in Buchform« freien Lauf. Gemeint waren Romane, die »unter dem Rubrum Romantasy und New Adult die Regale unserer Buchhandlungen« verstopfen würden. Der Preis wurde eingerichtet, um den Einsatz von Personen und Organisationen für die Buchbranche zu ehren. Und für Denis Scheck besteht dieser Einsatz seit einiger Zeit im Kampf gegen etwas, das er als neue Form der Schundliteratur begreift: »strunzdumme militaristische Drachenpornos«, wie sie etwa die amerikanische Autorin Rebecca Yarros mit ihrer *Empyrean*-Reihe verfasse.[1]

Es sind erregte Einlassungen wie diese, die den Buch- und Literaturwissenschaftler Gerhard Lauer dazu veranlasst haben, einen gegenwärtigen »Strukturwandel« der literarischen Öffentlichkeit zu konstatieren.[2] Dass sich Literaturkritiker wie Scheck überhaupt mit Büchern auseinandersetzen, die »ohne autonomieästhetischen Anspruch« oder eine »Anbindung an künstlerische Traditionen« auskommen, ist für Lauer ein Indiz, dass sich traditionelle Hierarchien in der kulturellen Sphäre verschoben haben oder sogar verloren gegangen sind. Unter dem wachsenden Einfluss einer dank BookTok international vernetzten, überwiegend weiblichen Laien-Leserschaft würden etablierte Akteure und Institutionen im Betrieb an Bedeutung verlieren. Die »neue« Öffentlichkeit sei zwar maximal inklusiv, büße allerdings gleichzeitig an »gesamtgesellschaftlicher Repräsentativität« ein. Aus dem schnellen Wechsel der Vorlieben für bestimmte »Cores« – also ästhetische Subkategorien auf BookTok wie Dark Academia, Forestcore oder Cozycore – würden keine sozialen Verbindlichkeiten entstehen.

Lauers Beitrag ist erkennbar darum bemüht, reflexhafte Deutungsmuster und kulturkritische Krisennarrative zu vermeiden – was ihm prompt den Vorwurf der »Selbstverleugnung« eingebracht hat. Immerhin gehe es, wie Jan Wiele in einer Replik in der *Frankfurter Allgemeinen Zeitung* betont hat,

1 *Rede von Friedrich Perthes-Preisträger Denis Scheck. »Drachenscheiße bleibt Drachenscheiße«* am 5. Juni 2025 (boersenblatt.net/news/boersenverein/drachenscheisse-bleibt-drachenscheisse-377153).

2 Gerhard Lauer, *Die neue literarische Öffentlichkeit. Zum Stand eines Strukturwandels.* In: *Merkur*, Nr. 910, März 2025.

bei der Debatte auch um das Fortbestehen der professionellen Literaturkritik und um die Gültigkeit der von ihr gefällten Urteile. So dramatisch sieht Lauer die Lage nicht. Vor allem verstehe man gegenwärtig »Sinn und Bedeutung dieses Kulturwandels noch unzureichend«, wie er in seiner Entgegnung zu präzisieren versuchte.[3] Dass aber die Debatte um New Adult und andere populäre Genres nicht zuletzt mit der Sorge männlicher Literaturkritiker vor dem Verlust ihrer Gatekeeper-Position zusammenhängen könnte, hat er ebenso im Blick wie den Umstand, dass bestimmte Formen der literarischen Fankultur auch schon in den 1920er Jahren existierten oder dass Debatten um den Niveauverlust der Literatur bereits mit der Einführung der *Spiegel*-Bestsellerliste in den 1960er Jahren geführt wurden. Warum spricht Lauer dann trotzdem von einer »neuen« literarischen Öffentlichkeit – und hat er Recht, wenn er den Verlust bisheriger Hierarchien und Verbindlichkeiten beklagt?

Die These vom alten und neuen Strukturwandel

Offensichtlich beruht Lauers These vom Strukturwandel der literarischen Öffentlichkeit auf einer an Jürgen Habermas angelehnten Konzeption bürgerlicher Öffentlichkeit. Habermas hatte 1962 in seiner Studie *Strukturwandel der Öffentlichkeit* beschrieben, wie die repräsentative Öffentlichkeit, die die höfische Welt der Vormoderne auszeichnete, seit dem Ende des 17. Jahrhunderts durch eine städtische, bürgerliche Öffentlichkeit abgelöst wurde. Subjekt dieser bürgerlichen Öffentlichkeit war ein »zum öffentlichen Gebrauch des Verstandes erzogenes« räsonierendes Publikum. Dessen wichtigste Medien und Institutionen – etwa Salons, literarische Zeitschriften und Tischgesellschaften – trugen zur Ausbildung eines kritischen Diskurses auch über Politisches bei. Mit dem allmählichen Bedeutungsverlust dieser Institutionen gegen Ende des 19. Jahrhunderts, vor allem aber mit der Kommerzialisierung der Presse und insbesondere mit dem Aufkommen des Fernsehens vollzog sich laut Habermas eine Transformation, die das »kritische« und politisch agierende Publikum in »eine große Masse von öffentlich rezipierenden Konsumenten« verwandelt habe. Es ist, wie nicht unüblich im Kontext der Frankfurter Schule, eine Mischung aus Kapitalismuskritik und Skepsis gegenüber den neuen Massenmedien, die diese pessimistische Diagnose in den 1960er Jahren begründete. Der kritisch-publizistischen Öffentlichkeit

3 Jan Wiele, *Beherzt sägen am eigenen Ast*. In: *FAZ* vom 4. März 2025. Zur Replik vgl. Gerhard Lauer, *Doch ein Strukturwandel? Eine Entgegnung auf Jan Wieles Polemik*. In: *Merkur Blog* vom 13. Juni 2025 (www.merkur-zeitschrift.de/2025/06/13/doch-ein-strukturwandel-eine-entgegnung-auf-jan-wieles-polemik/).

der bürgerlichen Privatleute, die sich auf der Basis von Printmedien herausgebildet hatte, wurde eine vermachtete Öffentlichkeit gegenübergestellt, die sich durch das Fernsehen und die Konzentration von Medienkonzernen herausgebildet habe.

In dem 2022 erschienenen Essay *Ein neuer Strukturwandel der Öffentlichkeit* hat Habermas seine Thesen mit Blick auf die digitale Kommunikationskultur nochmals aktualisiert. Auch wenn er die Chancen der Digitalisierung im Hinblick auf die schnelle Verbreitung von Informationen durchaus anerkennt, dominiert auch hier die Warnung vor Manipulation und sozialer Fragmentierung durch die Bildung unterschiedlicher und insbesondere voneinander isolierter Teilöffentlichkeiten: Der »Plattformcharakter der neuen Medien« fördere Tendenzen zur Entgrenzung und zur Fragmentierung der Öffentlichkeit, die bereits zuvor latent bestanden haben sollen.

Diese von Habermas konstatierte Verschiebung wirft ein erhellendes Licht auch auf die begrenzten Partizipationsmöglichkeiten in seiner früheren Konzeption bürgerlicher Öffentlichkeit. Denn diese bestand essenziell in einer »redaktionellen Öffentlichkeit«, die in der nicht nur technologisch, sondern auch textkulturell veränderten Gegenwart durch die Etablierung eines Kommunikationsraums unter Druck gerät, »worin Leser, Hörer und Zuschauer spontan die Rolle von Autoren ergreifen können«. Die etwas freimütige Anwendung des Autorenbegriffs verflacht hier zwar den Unterschied zwischen öffentlichen Äußerungen in den sozialen Medien auf der einen und der Reklamation sowie Anerkennung von Autorschaft als besonderer Diskursfunktion auf der anderen Seite, der insbesondere im Bereich der Literatur effektive symbolische Hierarchien pflegt. Deutlich problematisiert, wenn nicht perhorresziert Habermas aber die zunehmende Ablösung redaktionell kuratierter Inhalte durch einen nur schwach reglementierten Diskurs, dem er aufgrund seiner Partikularisierungstendenz auch nur noch »halböffentlichen, fragmentierten« Status zuerkennt.

In dieser Diagnose lässt sich eine bezeichnende Überkreuzung ausmachen, die auch den wiederkehrenden Debatten über Veränderung und Verfall der Gegenwartskultur nicht fremd ist: Die Vermehrung der aktiven Diskursteilnehmer führt demnach zu sozialer Fragmentierung, zur Verminderung von sozialer Repräsentation und eines gemeinsamen »Hintergrundkonsenses«. Dass die Demokratisierung des Diskurses die öffentliche Meinung, die es ohnehin nie im Singular gab, weiter pluralisiert und damit ausgerechnet einen wesentlichen Aspekt demokratischer Entscheidungsfindung weiter entkräftet, ist ein evidentes politisches Problem. Mindestens ebenso sichtbar sind die Auswirkungen im Bereich des Ästhetischen. Und das nicht unbedingt, weil die Wertungskriterien, für die Literaturkritik und -wissenschaft eintreten, nicht mehr stabil sind – wobei es hier ohnehin gewagt wäre, einen Konsens zu unterstellen. Entscheidend ist vielmehr, dass heute mehr denn je erkennbar wird, dass es sich immer um die Hierarchien einer kleinen kulturellen Elite gehandelt hat – und dass dieser Umstand verstärkt kritisch reflektiert wird. Wer die Sortierung in Kunst und Kommerz, Avantgarde und Kitsch treffen darf, welche Rolle populärer Erfolg dabei spielt und an welchen medialen Orten darüber entschieden wird, sind virulente Fragen, die über das Tagesgeschäft der Literaturkritik hinaus die aktuell verunsicherten Prinzipien sozialer Ordnung betreffen.

Der Ausschluss des Populären

Habermas' Thesen wurden so oft kritisiert und revidiert, dass es verwundert, wie selbstverständlich sich Lauer – wenn auch implizit – seinen großen Narrativen anschließt. Die Klage über den Verlust »gesamtgesellschaftlicher Repräsentativität«, die Lauer formuliert, geht offensichtlich von der Fiktion aus, dass es im Zeitalter der Bürgerlichkeit einmal eine solche Repräsentativität gegeben habe. Dabei wurde vielfach darauf hingewiesen, dass Habermas' historische Darstellung in mehrfacher Hinsicht auf einer Idealisierung beruht. Und das nicht nur, weil er die ökonomischen Interessen, die etwa Buch- und Zeitschriftenverlage auch schon im 18. und 19. Jahrhundert geleitet haben, vernachlässigt, sondern vor allem, weil er ignoriert, dass große Teile der Gesellschaft aus den von ihm beschriebenen Diskursen, Kommunikationsformen und Institutionen schlichtweg ausgeschlossen waren.[4] Dass es mit der Zunahme der Alphabetisierungsraten und der Ausweitung des Lesepublikums sowie der Lesestoffe im 19. Jahrhundert auch andere Rezeptionsgemeinschaften jenseits der bürgerlichen gab, wird ignoriert oder allenfalls als Teil einer negativen Entwicklung hin zur Kommerzialisierung zur Kenntnis genommen. Bereits das »räsonierende Publikum« am Ende des 18. Jahrhunderts musste die unverständige Lektüre als seine Kehrseite zur Kenntnis nehmen.

Damit ergibt sich eine strukturelle Kontinuität. Die bürgerliche Öffentlichkeit entstand zwar auch aus der Ausweitung von Öffentlichkeit, verdankte sich aber vor allem einer daran geknüpften Differenzierung. Sie konturierte sich durch den Ausschluss eines Anderen, das auf einer niedrigeren Stufe verortet wurde. Diese folgenschwere Hierarchisierung setzt nicht nur der gesellschaftlichen Repräsentativität der bürgerlichen Gesellschaft ihre Grenzen, sondern lässt den Unterschied zwischen den Leserschichten zum

4 Vgl. etwa Nancy Fraser, *Rethinking the Public Sphere: A Contribution to the Critique of Actually Existing Democracy*. In: *Social Text*, Nr. 25/26, 1990.

Problem werden. Subjekte einer unter Gebildeten geführten Debatte um die »Lesewut«, die Dennis Scheck in seiner Dankesrede aktualisiert, waren Frauen, Jugendliche und überhaupt jener ungebildete Haufen, der – horribile dictu – Bücher und bald auch Zeitschriften bloß zum Vergnügen las.

Früher waren es Stimmen wie die des Landgeistlichen Karl Gottfried Bauer, die mit ängstlichem Timbre konstatierten, dass das Lesen, »das sonst unter gewissen Volksklassen zu den Seltenheiten gehörte«, ein »allgemein, und größtentheils so zweckwidrig, befriedigtes Bedürfnis« geworden sei. Das Lesen ist schon hier geknüpft an die Klassenfrage. Indem die neuen Leserschichten den Zweck der Lektüre offenbar gänzlich missverstanden haben, lassen sie ein neues Problem entstehen, das man mit Michel Foucault als eines der Biopolitik charakterisieren könnte. Die unterhaltsame und schnell zu konsumierende Lektüre führt zu einem Übermaß, das auch körperliche Auswirkungen hat. Problematisiert wird neben der »erzwungenen Lage« und dem Mangel an körperlicher Bewegung beim Lesen vor allem die »gewaltsame« Abwechslung von Vorstellungen und Empfindungen insbesondere in der Spannungsliteratur und den Liebesromanen, die auch aktuell wieder im Zentrum der Kritik stehen. Ergebnis dieser psycho-physischen Doppelbedrohung sei »Schlaffheit, Verschleimung, Blähungen und Verstopfung in den Eingeweiden, mit einem Worte Hypochondrie, die bekanntermaaßen bey beyden, namentlich bey dem weiblichen Geschlecht, recht eigentlich auf die Geschlechtstheile wirkt«.[5] Indem die um 1800 perhorreszierten »Reitze der Geilheit« in Schecks Kritik an Yarros' »Drachenpornos« wiederkehren, deutet sich ein aufschlussreicher Parallelismus an. In beiden historischen Konstellationen spielen veränderte Praktiken der Lektüre, Differenzen in der Anerkennung bestimmter Gattungen und nicht zuletzt Bewertungskonflikte eine wichtige Rolle, die sich aus dem Auftreten neuer Gruppen von Leserinnen und Lesern ergeben.

Bezieht man diese anderen Leserschichten in die historische Rekonstruktion mit ein, dann erscheinen die gegenwärtigen Moden im Literaturbetrieb in vielerlei Hinsicht nicht mehr ganz so neu wie vermutet. Es ist irreführend, wenn Lauer die Produzentinnen und Rezipientinnen der New Adult-, Romance- oder Fantasy-Romane wiederholt mit der Funktionsweise subkultureller Communitys vergleicht, um dann zu dem Schluss zu kommen, dass es sich hier um etwas Anderes, Neues handle. Denn tatsächlich arbeiten sich die Fans von Rebecca Yarros oder Colleen Hoover gerade nicht wie die

5 Karl Gottfried Bauer, *Über die Mittel dem Geschlechtstriebe eine unschädliche Richtung zu geben. Eine durch die Erziehungsanstalt zu Schnepfenthal gekrönte Preisschrift*. Leipzig: Crusius 1791.

Protagonisten subkultureller Revolten an den Hierarchien der Hochkultur ab. Sie haben, anders als die meisten subkulturellen Bewegungen, auch keinen antikommerziellen Gestus.[6] Bei der Traditionslinie, in der die gegenwärtigen Genre-Fankulturen stehen, handelt es sich vielmehr um die lange Geschichte der populären Öffentlichkeit seit dem ausgehenden 18. Jahrhundert.[7] Im Rahmen der fortschreitenden Ausdifferenzierung des Buchmarkts übernahm die Trennung einer der »wahren« und »höheren« Kunst zugeordneten Poesie von der Unterhaltungsliteratur auch die Funktion, die meist ausbleibenden finanziellen durch symbolische Gewinne zu kompensieren.

Diese hierarchische Differenzierung und die damit verbundene Herausbildung des modernen literarischen Felds hat zwar die Annahme einer irgendwie überlegenen Hochkultur geläufig gemacht, sollte aber nicht darüber hinwegtäuschen, dass es immer auch große Teile der Bevölkerung gab, die sich um die Wertungskriterien der Eliten nicht kümmerten – und deshalb umgekehrt deren Argwohn oder Ärger auf sich zogen.

Dass das Theaterpublikum weitaus lieber die Stücke des heute nur noch in germanistischen Kreisen bekannten Dramatikers August von Kotzebue besuchte als die des Weimarer Klassikers Goethe, hat etwa schon die Literaturkritik um 1800 rasend gemacht. Während sich – mit Bourdieu gesprochen – der autonome Pol des literarischen Felds um Preise, Kanonisierung, literarische Institutionen, die Anerkennung durch Kritikergrößen bemühte, war es dem heteronomen Pol schon immer eher gleichgültig, diese Formen der symbolischen Anerkennung zu erlangen, solange sich quantifizierbare Erfolge verzeichnen ließen. Originalität spielte in diesem Bereich nur insofern eine Rolle, als die – freilich eher inhaltliche als formale – Neuheit eines Romans die Möglichkeit bot, das Interesse eines breiten Publikums zu erregen.

Mindestens ebenso erfolgreich war indes die Variation des Bekannten. Dass Genreliteratur sich maßgeblich fortschreibt, indem Tropen neu zusammengesetzt, Subgenres mit anderen Subgenres kombiniert und Motive in Variation wieder aufgegriffen werden, ist bekannt. Schon die von Goethes Schwager Christian August Vulpius geschilderten Abenteuer des infamen Räuberhauptmanns *Rinaldo Rinaldini* (1799), die auch erotische Episoden umfassen und darin Elemente des Spannungs- und des Liebesromans verbinden, waren immens erfolgreich. Dass sie nicht nur von ihrem Originalautor

6 Vgl. Rolf Schwendter, *Theorie der Subkultur. Neuausgabe mit einem Nachwort, sieben Jahre später*. Frankfurt: Syndikat 1978.

7 Vgl. Niels Penke / Matthias Schaffrick, *Populäre Kulturen zur Einführung*. Hamburg: Junius 2018.

fortgesetzt, sondern auch von mehreren weiteren Verfassern aufgegriffen und weiterverarbeitet wurden und dass Vulpius diese Fortsetzungen wiederum in seinen eigenen Fortsetzungen aufgriff und fortspann,[8] zeigt die Tendenz zur Seriation, Reihenbildung und Rekursivität populärer Literatur auf, die ein wichtiges Element des Erfolgs auch in der Gegenwart ist.

Ebenso wenig »neu« ist die »Sozialfigur der jungen Leserin«, die Lauer ins Zentrum der gegenwärtigen Entwicklung stellt. In dem Antagonismus zwischen den kulturellen Eliten und der Sphäre des Populären bestand schon vor zweihundert Jahren ein Gender-Gap. Bereits in den Leihbibliotheken oder im Kolportagebuchhandel des 19. Jahrhunderts gab es eine hohe Zahl weiblicher Autorinnen.[9] Schauer- und Gespenstergeschichten, Liebesromane oder Abenteuergeschichten waren Genres, die vielfach von Frauen für Frauen geschrieben wurden. Und schon damals äußerten sich männliche Experten und Pädagogen kritisch über den wachsenden Anteil dieser Literatur und die Effekte von deren Lektüre auf die Gemüter junger Mädchen. Die Sorge, was es über die Begehrlichkeiten des weiblichen Publikums aussage, wenn New Adult-Romane oft auf »altbackenste Boy-meets-Girl«-Plots zurückgreifen,[10] wenn junge Leserinnen »Bad Boys« als Protagonisten präferieren oder Geschichten über häusliche Gewalt verschlingen, ist in dieser speziellen Fassung zwar neu, als Schema aber sehr alt.

Es ist deshalb nicht ohne Ironie, wenn Denis Scheck seine emotionale Reaktion auf den Erfolg der gegenwärtigen Genre-Literatur als »Lesewut« bezeichnet. Der Begriff wurde um 1800 auf das Leseverhalten junger Frauen angewandt, um eine pathologische Rezeptionsweise zu bezeichnen, die Literatur tendenziell mit der Realität verwechselt. Mädchen und Frauen, die den ganzen Tag lang nichts tun, als Liebes- oder Ritterromane zu verschlingen, so lautete der Verdacht, glauben irgendwann, dass das Leben genau so sei wie in diesen Geschichten. Wenn man beobachtet, wie aktuell manche Diskussionen über Genres wie Dark Romance verlaufen, kann man den Eindruck gewinnen, es habe jahrzehntelange Forschung, die solchen schlichten Rezeptionsmodellen entgegengearbeitet hat, nicht gegeben.

8 Vgl. Erika Thomalla, *Der geraubte Räuber. Fanfiction aus der Romanfabrik um 1800 (Vulpius, Brückner)*. In: *Deutsche Vierteljahrsschrift für Literaturwissenschaft und Geistesgeschichte*, Nr. 95/4, 2021.

9 Vgl. Rudolf Schenda, *Volk ohne Buch. Studien zur Sozialgeschichte der populären Lesestoffe 1770–1910*. Frankfurt: Klostermann 1970.

10 Tilman Spreckelsen, *Der Riese riecht so gut nach Himmel. Aktuelle Bestseller richten sich oft an junge Erwachsene. Was sind das für Romane, die unter dem Label »Young Adult/New Adult« dem gebeutelten Markt so stabile Umsätze bescheren?* In: *FAZ* vom 3. Mai 2024.

Was also ist wirklich neu an den aktuellen Entwicklungen – wenn man davon absieht, dass es durch digitale Medien eine höhere Sichtbarkeit der Produzentinnen und Rezipientinnen populärer Genres gibt? Dass sich die Hierarchien und Mechanismen der Anerkennung insgesamt verschoben haben, kann man so nicht feststellen. Bei Literaturpreisen spielen New Adult und ähnliche Genres keine Rolle. Im Feuilleton werden nach wie vor überwiegend Romane von Autorinnen und Autoren besprochen, die qua Stil, Gattung, Verlag und Biografie im Bereich der nichtgenreförmigen Literatur anzusiedeln sind. New Adult wird hier höchstens als Kuriosum behandelt, aber nicht der seriösen Kritik für würdig befunden. In den Literaturhäusern ist das Programm ebenfalls noch sehr stark von diesen Wertigkeiten geprägt.

Selbst die Einrichtung neuer Imprints für New Adult oder Romance bei Verlagen, die man wie Suhrkamp oder Kiepenheuer & Witsch traditionell im autonomen Pol des Feldes angesiedelt hätte, ist noch kein starkes Indiz dafür, dass Hierarchien kollabieren. Im Gegenteil dienen diese eigens gegründeten Subunternehmen auch dazu, eine Trennlinie zwischen dem potenziell buchpreiswürdigen regulären Verlagsprogramm und der BookTok-Literatur zu markieren. Nicht zuletzt an der Wahl von Lauers eigenen Beispielen, die immer wieder die überzeitliche Qualität eines überwiegend männlichen Kanons aus Döblin, Büchner, Frisch oder Fontane den Büchern von Mona Kasten, Rita Bullwinkel oder Rebecca Yarros gegenüberstellen, sieht man, dass bestimmte Wertungen und Grenzziehungen offenbar nach wie vor sehr stabil sind.

Wer rettet die Bilanz?

Wer sich indessen gegenüber der neuen Genreliteratur in den letzten Jahren in hohem Maß geöffnet hat, ist der Buchhandel selbst. Dass der Börsenverein Denis Scheck und gerade nicht die erfolgreiche BookTokerin Jess Hengel mit dem Friedrich-Perthes-Preis ausgezeichnet hat, ist das Eine. Dass das Börsenblatt seit April 2023 die von Media Control und TikTok erstellte BookTok-Bestsellerliste veröffentlicht, dass New Adult-Literatur bei der Frankfurter Buchmesse 2023 erstmals eine eigene Halle bekam, dass das Genre im Dezember 2024 eine eigene Unterwarengruppe erhielt und dass es in den stationären Buchhandlungen inzwischen einen erheblichen Teil der Ladenfläche einnimmt, das Andere. In der Jahresbilanz 2024 stellte der Börsenverein fest, dass neben der Autobiografie von Angela Merkel vor allem der Zuwachs in den Genres New und Young Adult sowie deren Bewerbung durch BookTok trotz rückläufiger Buchverkäufe einen leichten Umsatzzuwachs ermöglichte.[11] Kaum verwunderlich also, dass der Handel diese wichtige neue Käuferschicht verstärkt adressiert und berücksichtigt.

In gewisser Weise verschärft sich damit eine Tendenz, die schon seit mehreren Jahrzehnten zu beobachten ist und die durch die Zunahme des ökonomischen Drucks auf Buchhandel und Verlage infolge der Marktkonzentration sowie geringeren Eintrittsbarrieren durch die Globalisierung und Digitalisierung des Buchmarkts geprägt ist. Wenn man Lyrikbände, Sammlungen mit komplex gebauten Kurzgeschichten oder experimentelle Romane ohne großes Profitversprechen noch verlegen will, kann es mitunter hilfreich sein, ein Imprint mit BookTok-bestsellerträchtiger Genreliteratur zu unterhalten. Zumal in einer historischen Situation, in der gerade die von Lauer genannten Klassiker zwar noch in der Lage sind, ihren symbolischen Wert zu behaupten und als Referenz auf die Qualität des eigenen Geschmacks oder die Kenntnis der literarischen Tradition dienen, aber längst nicht mehr die früheren Verkaufszahlen erreichen. Die Entwertung des Kanons entzieht auch der Backlist aus klassischer Literatur zunehmend die Möglichkeit, ein avanciertes literarisches Programm gegenzufinanzieren und verschärft dadurch die krisenhafte Situation gerade für Verlage, die sich auf diese Weise ihre Reputation erarbeitet haben. Die neuen Genres und ihre zum Teil immensen Verkaufserfolge öffnen somit eine Perspektive auf die Zukunft auch des avancierten Buchmarkts – aber eine, die zugleich eine Anpassung festetablierter Narrative nötig macht.

Der Kampf um die Mitte

Obwohl sich die gegenwärtigen Debatten in erster Linie an der plakativen Frontstellung von neuer Unterhaltungsliteratur und den Werken der unterschiedlichen historischen Avantgarden, die den Großteil des traditionellen Kanons ausmachen, entzünden, scheint die eigentliche Konkurrenzsituation eher die breite Mitte der bürgerlichen Literatur zu betreffen, die sich allerdings selbst schon die Kritik gefallen lassen musste, nichts als neuer Midcult zu sein.[12]

In dieser Annäherung der neuen Genres und der bürgerlichen Literatur deutet sich die eigentliche Konfliktzone an. Da sich Genres wie Heftromane und leichte Strandlektüre, die von der Kritik der Feuilletons als nicht

11 *Merkel und BookTok stützen Buchverkäufe*. In: *Tagesschau* vom 9. Januar 2025 (www.tagesschau.de/wirtschaft/buecher-buchbranche-lesen-100.html).

12 Moritz Baßler, *Populärer Realismus. Vom International Style gegenwärtigen Erzählens*. München: Beck 2022.

satisfaktionsfähig betrachtet wurden, seit Jahrzehnten einer großen Leserschaft erfreuen, stellt sich die Frage, weshalb es ausgerechnet jetzt zu so vielen echauffierten Wortmeldungen kommt. Eine mögliche Erklärung liegt offenbar in der Verunsicherung des Verhältnisses der lange behaupteten und verteidigten Dichotomie von Kunst und Kommerz. So stabil viele Grenzziehungen in der Verleihung symbolischen Kapitals innerhalb des literarischen Feldes sind, kann man doch sehen, dass es im Mittelbereich der Literatur ein gewisses Maß an Durchlässigkeit gibt. Während traditionell die institutionelle Konsekration durch Preise zu Verkaufserfolgen führt (und auch die proliferierende Verwendung der Sticker motiviert, die nicht nur die Preisträger, sondern auch die Nominierten der Short und sogar der Long Lists aus der Menge der Neuerscheinungen herausheben soll), gibt es inzwischen Bücher, die ihre Preiswürdigkeit nicht zuletzt durch ihre Popularität reklamieren.

So ist Caroline Wahls Romandebüt *22 Bahnen* zwar 2023 im DuMont-Verlag erschienen, der im Literaturbetrieb bestens etabliert ist. Zum Erfolg des Buchs trug aber die Resonanz einer begeisterten Leserschaft auf TikTok entscheidend bei. Wahl ist insofern ein interessanter Fall, als sie eine Form der populären, lesernahen Autorschaft kultiviert und von demselben Publikum gefeiert wird wie viele Young-Adult-Bestseller-Autorinnen. Auch ihre Texte weisen gewisse Merkmale von New Adult-Literatur auf. Gleichwohl wird sie aber vom Feuilleton zur Kenntnis genommen und kann symbolische Formen der Anerkennung für sich reklamieren, die den aktuell beliebten Genres sonst verwehrt bleiben.

Dass *22 Bahnen* im Rahmen der Frankfurter Buchmesse, die immer noch zu den wichtigsten Veranstaltungen des traditionellen Buchhandels gehört, als #BookTok Bestseller des Jahres 2024 ausgezeichnet worden ist, stellt das eindrucksvoll unter Beweis. Im Mai dieses Jahres fand sich nicht nur *22 Bahnen* auf Platz 14 der BookTok-Charts, sondern zugleich auch Wahls 2024 erschienenes zweites Buch *Windstärke 17* (Platz 20). Der Wandel vom Beststeller zum Longseller, der sich darin zumindest andeutet, war bislang ein wichtiges Indiz für die überzeitliche Bedeutung eines Textes und damit auch ein erstes Zeichen seiner Kanonfähigkeit. Einiges mediales Echo rief daher Wahls Instagram-Post vom 20. August 2024 hervor, in dem sie sich »traurig und wütend« zeigte, dass sie nicht in die Longlist zum Deutschen Buchpreis aufgenommen wurde.[13] Es ist womöglich nicht nur die Sozialfigur der jungen Leserin oder Autorin selbst, die für Irritationen sorgt, sondern auch das Selbstbewusstsein, mit dem sie ihren Platz im literarischen Feld reklamiert.

13 www.instagram.com/carowahl/p/C-5JCM0MjiE/?hl=de

Dabei ist dieser Anspruch durchaus gedeckt. Auch Denis Scheck, der ansonsten kaum mit den Urteilen der BookTok-Community übereinstimmt, lobte in einer Besprechung der *Spiegel*-Bestellerliste aus dem September 2023, in der sich vor allem harsche Kritik findet, Wahls Roman und bezeichnete die Art, in der sie ihrem schweren Thema Leichtigkeit abgewinnt, als »beeindruckend.«[14] Dass Wahl auf einer Plattform reüssiert, auf der auch Yarros' »Drachenpornos« erfolgreich sind, und zugleich die Anerkennung des etablierten Feuilletons findet, deutet darauf hin, dass es zumindest nicht ausschließlich eine Frage der Ästhetik ist, die das Unbehagen an den gegenwärtigen Entwicklungen begründet. Es scheint auch die soziale Zusammensetzung der neuen Leserschaften und Autorinnen zu betreffen.

Wenn daher Wiele und Lauer darin übereinkommen, »dass sich der Streit um die literarische Öffentlichkeit lohnt«, verweist das auch darauf, dass es für die Akteure im kulturellen Feld keineswegs unerheblich ist, wer das Sagen hat. Die kritische Unterscheidung und Abgrenzung von literarischen Texten ist schon deshalb nie neutral, weil sie symbolische Hierarchien etabliert und bestätigt. Es hängt also einiges davon ab, wer das Recht hat, die Spreu vom Weizen, die »Drachenscheiße« von dem zu trennen, »was als hohe und gute Literatur gilt«. Auch deshalb erfolgt die Einbindung der neuen Genres überwiegend unter dem Vorbehalt ihrer künftigen Überwindung. Kommensurabel sind sie nur, wenn sie am Beginn einer individuellen wie kollektiven »Evolution des Lesegeschmacks« stehen, wie Scheck es imaginiert. Und auch ein »Fan der Buch-Fans« wie Lauer geht weiterhin davon aus, dass wir auf »Bildungsüberstiege zwischen der Populärkultur und der Hochkultur angewiesen sind«.

Als bedrohliche Enthierarchisierung erscheint die Veränderung der Leserschaften in der Gegenwart vor allem »von oben«. Zugleich erhält diese Verschiebung in dem Maß, wie sich die Teilhabe von Frauen, Migranten, jungen und queeren Menschen an Produktion, Lektüre und Meinungsbildung im Gegensatz zum traditionellen Buchmarkt vermehrt, eine zusätzliche Bedeutung. Indem sich Vertreter von bisher nicht oder kaum gehörten Gruppen ästhetische Ausdrucksweisen und Foren der Meinungsbildung schaffen, erzeugen sie auch einen Bruch mit der Tradition, der tiefer reicht als nur bis zur Frage nach der Anerkennung des Kanons.

Wenn Scheck in seiner Rede konstatiert, dass die Lektüre der von ihm präferierten Literatur »fast zwangsläufig zu einer fortschreitenden Politisierung«

14 *Denis Scheck bespricht die erfolgreichsten Bücher: Erhellende Lektüren, Klassismus und Mist*. In: *Tagesspiegel* vom 8. September 2023 (www.tagesspiegel.de/kultur/denis-scheck-bespricht-die-erfolgreichsten-bucher-erhellende-lekturen-klassismus-und-mist-10437202.html).

führe, weil sie die Unzulänglichkeiten der Gegenwart thematisiere, impliziert das umgekehrt die Unterstellung, dass eine solche Politisierung durch die Lektüre von New Adult ausbleibe oder sogar verhindert werde. Man kann darauf zum einen einwenden, dass die politischen Fragen, die die Leserinnen von Rebecca Yarros oder Colleen Hoover umtreiben, einfach etwas andere sind als diejenigen, die Denis Scheck interessieren. Sie drehen sich beispielsweise um die Frage, ob die gälische Sprache in der Literatur korrekt und respektvoll verwendet oder ob das Thema häusliche Gewalt in Romanen oder deren Verfilmung verharmlost werde.[15] Man muss die Relevanz dieser Fragen nicht genauso hoch ansetzen, wie es das New Adult-Publikum tut, um zuzugestehen, dass Politik hier durchaus eine Rolle spielt. Zum anderen gab es mit der Herausbildung des modernen literarischen Markts immer schon bestimmte Bereiche der Literatur, die den Anspruch hatten, einfach nur zu unterhalten – und nicht notwendig darauf zielten, bessere, kritischere, politisch denkende Menschen hervorzubringen.

Dass die Fan-Gemeinden der New Adult-Literatur, so wie fast alle ihre Vorgängerinnen und Vorgänger in der Geschichte populärer Literatur, den Bruch mit dem Establishment gerade nicht suchen, sondern sich weitgehend indifferent dazu verhalten, zeigt jedenfalls, dass eine Rehierarchisierung des Heterogenen, die Lauer anstrebt, wenig Aussicht auf Erfolg hat. Mag sich die Literaturkritik oder -wissenschaft noch so sehr wünschen, dass sich wieder allgemein akzeptierte Kriterien finden, die das Avancierte vom Minderwertigen trennen – das Publikum in der Breite wird sich davon in seinen Geschmackspräferenzen nicht irritieren lassen. Die Spielregeln des Felds verändern sich. Was man tun kann, ist, ihre Dynamik zu beobachten.

15 Zu diesen Debatten vgl. Joseph Allen, *Fantasy Author Rebecca Yarros Is Facing Backlash for Several Different Reasons*. In: *Distractify* vom 8. November 2023 (www.distractify.com/p/rebecca-yarros-controversy); Megan Hemenway, *It Ends With Us: Why Colleen Hoover's 2016 Book Is So Controversial*. In: *Screenrant* vom 26. Juni 2924 (screenrant.com/it-ends-with-us-colleen-hover-why-controversial/).

Timon Beyes

Soziale Farbe (III)

Blau machen

»Doch was für eine Art von Liebe ist das eigentlich? Mach dir nichts vor und nenne sie erhaben. Gestehe dir ein, dass du in einem Museum vor einem kleinem Puderhäufchen lapisblauen Pigments in einem Glas gestanden und ein stechendes Verlangen empfunden hast. Aber was tun? Es befreien? Kaufen? Sich einverleiben? [...] Vielleicht möchtest du zum Beispiel die Hand ausstrecken und den aufgehäuften Pigmentstaub aufwühlen, damit erst deine Finger und dann die ganze Welt beflecken. Vielleicht möchtest Du ihn verdünnen und darin schwimmen, vielleicht willst du deine Nippel damit schminken, vielleicht willst du damit das Kleid einer Jungfrau malen. Und trotzdem hättest du keinen Zugang zu seinem Blau. Nicht ganz.«

Maggie Nelson, *Bluets*[1]

I

Im Frühjahr 2025 hängen im Foyer des Berliner Haus der Kulturen der Welt (HKW) achtzehn Stoffbahnen in unterschiedlichen Blautönen von der Decke. *Musafiri: Von Reisenden und Gästen* lautet der Titel der Ausstellung und *Mood Indigo* der des handgenähten und handgefärbten Werks des in Mali ansässigen und dort sowie in Frankreich aufgewachsenen Künstlers und Designers Aboubakar Fofana. Die Bahnen changieren in unterschiedlichen Blaustufen von beinahe gräulichen bis zu dunkelgesättigten, erhaben wirkenden Indigo-Tönen. An dünnen Fäden herabhängend werden sie von den leichtesten Luftzügen erfasst und wirken beweglich, wankelmütig und fragil. Mit Einfall und Verschwinden des Sonnenlichts verändert sich das Spiel der Blautöne, werden sie heller und teils durchsichtig, dann wieder dunkler und schwerer. Indigo als Farbe in Bewegung also, zwischen unterschiedlichen Schattierungen, Beziehungen und Orten changierend, eine Flüchtende oder Flüchtige unter den Farben, wie es ein Historiker einmal zu den Aufständen gegen die koloniale Farbindustrie in Indien schrieb.[2]

Flüchtig, reisend und wunderschön: So war Indigo die wohl bedeutendste Sehnsuchtsfarbe des Kolonialhandels und global werdender Konsumverhältnisse, gewonnen in unterschiedlichen Produktions- und Aus-

1 Maggie Nelson, *Bluets*. Aus dem Englischen von Jan Wilm. Hanser Berlin 2018.

2 Blair B. Kling, *The Blue Mutiny. The Indigo Disturbances in Bengal, 1859–1862*. Philadelphia: University of Pennsylvania Press 1966 (Übersetzungen hier und im Folgenden jeweils durch den Autor).

beutungsverhältnissen in Afrika, Südamerika und vor allem Indien. Auch daran erinnert die Stimmung, die *Mood Indigo* im Foyer des HKW. Es ist leicht, sich einige der Stoffbahnen als Vorhänge, Decken, Schals und Kleider für ein gehobenes Segment vorzustellen, für das Aboubakar Fofana ebenfalls produziert. Er betreibt eine genossenschaftliche Farm in Mali, auf der nach alten Rezepten das Handwerk beziehungsweise eine als kosmologische, spirituelle Praxis verstandene Form der Indigo-Gewinnung und des Indigo-Färbens wiederentdeckt wurde und bewahrt wird.

Das Spiel von Bewegung und Anmut, Sehnsucht und Verlangen macht abseits der anderen, zum Schicksal von Reisenden und Gästen zumeist expliziteren Ausstellungsstücke eher vergessen, dass es Fofana mit der Rückkehr zu vorkolonialer Produktionsweise auch um Farbgewinnung als düsteres Kapitel kolonialer Geschichte geht: um die Verstrickung der Farbe in Ausbeutung und Sklavenhandel sowie um die Heilung von den Wunden dieser Geschichte qua Rückbesinnung auf vergessene westafrikanische Produktionsweisen (deren Dokumentation wiederum in einer Bibliothek in der ehemaligen Kolonialhauptstadt Paris zu finden war und von dort nach Mali reimportiert wurde).

Indigo, das »Koks des Empire«, sei eine ebenso prächtige und magnetisch anziehende wie heimtückische und böswillige Farbe, schreibt die Kunsthistorikerin Natasha Eaton in ihrer Studie zur Geschichte der Farbe zwischen dem kolonisierten Indien und der Kolonialherrschaft Großbritanniens.[3] Auf der documenta 14 im Jahr 2017 nannte Fofana ein ähnliches, in Kassel produziertes und ausgestelltes – und mir als eindrücklicher in Erinnerung gebliebenes – Werk *Fundi (Aufstand)*. Er stellte die Stoffbahnen damit in den direkten Bezug zu den *blue mutinies*, den blauen Aufständen, die die Geschichte der kolonialen Indigo-Produktion begleiteten.

Mit seiner im parallelen documenta-Ausstellungsort Athen gezeigten Arbeit bestätigte Fofana dann unfreiwillig den Zusammenhang von Indigo-Faszination, Schönheit, Gewalt und Aufstand. Für die Arbeit *Ka Touba Farafina Yé (Afrikasegen)* wurden 54 lebende Schafe aus Griechenland – laut Künstler eines für jedes Land des afrikanischen Kontinents – in verschiedenen Schattierungen natürlichen Indigos eingefärbt. Auch die gefärbten Schafe mögen als Allegorie für die flüchtige und nomadische Indigo-Farbe und ihre zentrale Rolle in globalen Verkehrsverhältnissen gedacht gewesen sein. Die Schafsgruppe in ihrem Olivenhain irgendwo in Athen muss zudem ein interessanter Anblick gewesen sein. Doch die Anrufung von Schönheit und Missbrauch

3 Natasha Eaton, *Colour, Art and Empire. Visual Culture and the Nomadism of Representation*. London: I. B. Tauris 2013.

des Indigos, von seiner Magie und Bösartigkeit schien ohne Bezug auf den griechischen Kontext und die lokale Bedeutung der Farbe Blau auszukommen. Und Idee sowie Akt, Lämmer feierlich wie Stoffe in Indigo-Bäder zu tauchen, erzeugten selbst einen kleinen blauen Aufstand. Mit Slogans wie »Tiere sind nicht deine Leinwand« stürmten und verwüsteten Tierschützer und Tierschützerinnen das vorübergehende Athener Atelier des Künstlers und beschmierten es mit blauer Farbe.

II

Das Geflecht aus Schönheit, Sehnsucht, spirituell kodierter Naturnähe sowie Gewalt, Ausbeutung und Aufstand ist der Geschichte des Indigos eingeschrieben. In das Blau eines Paar Jeans zu schlüpfen, so der Anthropologe Michael Taussig, bedeute, in diese Geschichte zu schlüpfen und sich von ihr überraschen zu lassen.[4] Als soziale Farbe erscheint Indigo dabei in vielfältiger Weise als treibende Kraft ökonomischer Produktion und sozialer Organisation. Sie ist nicht das Andere oder bloße Dekoration wirtschaftlicher Rationalität und imperialistischer Landnahme, sondern befeuert(e) deren Entstehung und Entwicklung. *Redeeming indigo*, so bezeichnen Eaton und Taussig mit demselben Verb ihre Vorhaben in einer emphatischen Doppeldeutigkeit des Erlösens und Rehabilitierens, und so lässt sich auch Fofanas Arbeit begreifen. Zunächst geht es um die Erzählung und Sichtbarmachung, also Rehabilitation der Blautöne in ihrer affektiven, ökonomischen, politischen und spirituellen Bedeutung. Taussig zufolge kommt Farbe in den üblichen Darstellungen der europäischen Handelsexpansion kaum vor, obschon Farbstoffe in ökonomischer Hinsicht vom 16. bis zum 20. Jahrhundert das kontinuierlich wichtigste Handelsgut darstellten (und nicht Edelmetalle, Gewürze, Zucker, Kaffee, Tee, Tabak oder Textilien). Damit verbunden markiert *redeeming indigo* die Versuche der Er- und Loslösung von den düsteren, teils katastrophalen Praktiken und Folgen ihrer Erzeugung und Verbreitung, indem andere Erzählungen und Produktionsweisen ausprobiert, etabliert und zirkuliert werden.

III

Diese soziale Kraft ist eng an die Faszinationsgeschichte der Farbe Blau geknüpft. Blautöne kommen vergleichsweise selten in greifbaren Objekten wie Pflanzen oder Mineralien vor, doch sind sie in den atmosphärischen Erscheinungen von Himmel, Meer und Horizont allgegenwärtig und seit der

4 Michael Taussig, *What Colour is the Sacred?* University of Chicago Press 2009.

Apollo-Raumfahrtmission von 1972 ikonisch im Bild des blauen Planeten Erde verewigt. Es überrascht nicht, dass mit diesen Erscheinungen verbundene Stimmungen auch in den bildschirmgestützten Welten von Zoom, Discord, Facebook oder LinkedIn anklingen sollen, auch im oberen Rahmen des Microsoft-Word-Fensters beim Verfassen dieses Textes. Für Goethe verströmte Blau eine Energie von fast unaussprechlicher Wirkung, etwas, das Augen und Körper nach sich ziehe. Als Blaue Blume der romantischen Vorstellungskraft scheint es weit entfernt, unerreichbar, unbegrenzt und unergründlich. Für den Maler Kandinsky rief Blau den Menschen zum Unendlichen und weckte in ihm die Sehnsucht nach dem Reinen und schließlich nach dem Übernatürlichen. Und mit ihren wunderbaren *Bluets* hat sich die eingangs zitierte Dichterin und Essayistin Maggie Nelson unlängst in die Tradition des literarischen und künstlerischen Nachsinnens über das Phänomen und die Wirkungen des Blauen eingefügt.

Wie Fofanas Praxis zeigt, handelt es sich nicht um eine allein westlich geprägte oder bloß kolonial kodierte Faszination und Mystik. Eaton zufolge besteht ein Zusammenhang zwischen den avancierten farbtheoretischen Schriften und Reflexionen Goethes (sowie anderen europäischen, frühneuzeitlichen Farbdenkern) und der imperialistischen Bewunderung und Indienstnahme zum Beispiel der indischen Indigo-Produktion, die Materie wundersam in Farbe verwandelte. Des Dichters berühmte Farbenlehre lasse sich zudem als systematische Wiedergängerin älterer, ekstatischer Farbpraktiken etwa im ostasiatischen Kontext lesen – Praktiken, die ihrerseits Einfluss auf antikoloniale Kämpfe um Farbe, ihre Produktionsweisen und Verwendungen genommen hätten.

In Europa wird Blau im 18. Jahrhundert zur Lieblingsfarbe und ist es bis heute geblieben. In der Antike, so berichtet der Farbhistoriker Michel Pastoureau, spielte Blau keine hervorgehobene Rolle oder war sogar negativ konnotiert. Noch bis zum Ende des 14. Jahrhunderts handelten drei Viertel der Handbücher des Färbens von der populären Farbe Rot.[5] Es ist naheliegend, im Triumph und in der Nobilitierung des Blauen einen Bezug zur zunehmenden Verfügbarkeit der Kolonialfarbe Indigo und ihrer intensiven Farbtöne sowie von Baumwollstoffen zu vermuten. Pastoureau verweist auf den außerordentlichen Erfolg von Goethes Briefroman *Die Leiden des jungen Werthers* und auf den blauen Frack des verzweifelten Helden, der, kombiniert mit gelber Weste und Hose, am Ende des 18. Jahrhunderts eine Modebewegung auslöste (in seiner Farbenlehre wird Goethe die Kombination aus Blau und

5 Michel Pastoureau, *Blau. Die Geschichte einer Farbe*. Aus dem Französischen von Antoinette Gittinger. Berlin: Wagenbach 2013.

Gelb später als einfachste und arme, jedoch befriedigende Zusammenstellung beschreiben).

Die Färbekraft des Indigos war zehnmal so stark wie – und deutlich widerstandsfähiger als – die des lokal und insbesondere in Frankreich und Deutschland produzierten Färberwaids *(Isatis tinctoria)*, der wichtigsten Quelle für blauen Farbstoff in Europa während des Mittelalters bis zum Aufkommen des kolonialen Pigments. Das Indigo aus der Neuen Welt wurde als »Teufelsfarbe« beschimpft, eine Zeitlang mittels protektionistischer Verbots- und Zollpolitik bekämpft, bis es schließlich die Lebens- und Arbeitsgrundlage von europäischen Waid-Bauern zerstörte. Auch die europäische Produktionsweise kannte im Übrigen ekstatische Farbpraktiken: So soll die sommerliche Waid-Zeit sowohl von beschwerlicher Arbeit als auch von rituellem Gesang und berauschter Fröhlichkeit bei der Ernte geprägt gewesen sein. Die Redensarten »blau machen« und »blau sein« lassen sich auf die Waid-Produktion zurückführen, und der blaue Montag war der freie Tag für die Waid-Bauern: Um den Farbstoff freizusetzen, war entweder Urin oder besser Alkohol erforderlich. Da die Zugabe von Alkohol in großen Mengen zu teuer war, betranken sich die Färber und pinkelten in den Bottich, um am Folgetag blau zu machen.

IV

Die lange und verzweigte Geschichte und Gegenwart des Indigos als »globale Cross-over-Farbe schlechthin« (Eaton) hält unerschöpfliches Material bereit (Anleitungen zu Gewinnung und Färbung finden sich bereits auf Keilschrifttafeln von 500 vor Christus). Verstanden als soziale Kraft, steht Indigo im Zentrum der Erfindung und Entwicklung unterschiedlicher Organisations- und Produktionsweisen. Der Wirtschaftshistoriker Alexander Engel hat Muster beziehungsweise sich historisch überlappende »Innovationsparadigmen« herausgearbeitet, um die Entwicklung der Farbstoffmärkte und ihrer Organisationsmodelle zu fassen. Drei davon – »merkantile Integration«, »ökonomische Botanik« und »künstliche Farben« – sind für das Beispiel Indigo von besonderem Interesse.[6]

Fofanas Einspeisung von Farbbahnen und -installationen in die Kunstwelt sowie die Veräußerung ausgewählter Stücke als Luxuskonsumgüter aus lokal situierter Produktion lassen sich (gewiss unter anderen Bedingungen) auf das alte Paradigma der merkantilen Integration zurückbeziehen, das die

6 Alexander Engel, *Farben der Globalisierung: Die Entstehung moderner Märkte für Farbstoffe 1500–1900*. Frankfurt: Campus 2009.

Erweiterung der westlichen Farbstoff- und Pigmentpalette durch die Suche nach und die Integration von Farbtönen bezeichnet, die in Europa nicht hergestellt werden konnten.[7] Lange vor der Gewinnung und Zirkulation kolonialer Farben verlangte beispielsweise der Erwerb von byzantinischen und arabischen Luxustextilien, die in Violett-, Veilchen- oder Gelbtönen gefärbt waren, einen gegenseitigen Austausch: Holz, Honig, Salz, Wachs, Pelze und vor allem Sklaven. Der Tauschhandel von Farbstoffen und Sklaven sowie die Finanzierung des Sklavenhandels durch den Handel mit Farbstoffen (und umgekehrt) war somit bereits Teil der Wirtschafts- und Kulturgeschichte der Farbe vor der kolonialen Landnahme. Mit ihr entwickelte sich ein transkontinentales System des Handels mit kolonialen Territorien und ihren Farbstoffen, die Eaton als »koloniale Palette« bezeichnet.

V

Im System merkantiler Integration blieben die lokal situierten und distinkten Modi der Gewinnung und Verarbeitung von Farbstoffen unangetastet. Das änderte sich in Engels Terminologie mit dem Paradigma ökonomischer Botanik, mit dem die Übernahme der und die Kontrolle über die Organisationsweisen der Farbstoffproduktion in den Mittelpunkt rückten. Damit einher gingen die Migration und Verpflanzung von Nutzpflanzen in andere Regionen sowie des Wissens, wie sie zu Pigmenten zu verarbeiten sind. Ein schriftlich kodifiziertes Regelwerk für die Gewinnung, Produktion und Konservierung von Farbstoffen ermöglichte die koloniale Aneignung und Ausbeutung von Territorien und Arbeitskräften an unterschiedlichen Orten. Eatons koloniale Palette wurde nun zu einem Treiber kolonialer Verwaltungs-, Extraktions- und Ausbeutungsverhältnisse. Die Sehnsucht und das Verlangen nach den Farben der kolonialen Palette rief Organisationsweisen hervor, die durch die Bewegung und »Botanisierung« von Menschen, Ideen, Pflanzen, Materialien und Techniken in unterschiedlichen räumlichen, organisatorischen und farblichen Konfigurationen Gestalt annahmen.

Im 19. Jahrhundert stand das ostindische Bengalen im Mittelpunkt dieser unruhigen und umkämpften Geschichte. Zeitweise hatte das in Bengalen produzierte Indigo ein Monopol auf dem europäischen Markt (und ruinierte

7 Die Rettung und Rehabilitation eines alten, verschollen geglaubten Färbehandwerks, auf dem Fofanas Kunst- und Designpraxis fußt, ließe sich versuchsweise – und ebenfalls jenseits des europäischen Fokus und der zeitlichen Periodisierung Engels – dem hier vernachlässigten, vierten Paradigma des kunstfertigen Färbens zuordnen, verstanden als Einübung und Verfeinerung einer Abfolge kunstgerechter Praktiken.

dabei nicht nur die europäische Waid-Herstellung, sondern auch die westafrikanische Indigo-Produktion, die Fofana heute wieder auf die Beine zu stellen sucht). Die bengalische »Wirtschaftsbotanik« beruhte nicht auf Sklavenarbeit (wie etwa in der Karibik), sondern auf der Ausbeutung der einheimischen Bauern zunächst unter der Schirmherrschaft, dann unter der territorialen Kontrolle der britischen East India Company.

Diese Geschichte ist durchaus reichhaltig bebildert, denn das Empire war ein »Reich der Palette«, das einem Heer von Malern und Porträtisten Aufenthalte in den Kolonien anbot und finanzierte, um die neue Weltordnung in Farbe wiederzugeben und zu etablieren.[8] Die britischen »Pflanzer« waren zunächst Fabrikbesitzer, die Indigo-Pflanzen verarbeiteten, die von lokalen Kleinbauern geerntet wurden, die sich selbst versorgten. Um zuverlässiger – und mitunter gewaltsam – durchzusetzen, dass die Bauern die erwünschten Indigo-Pflanzen anbauten, wurde ihre Arbeit schrittweise unter die Kontrolle der *indigo planting class* (Eaton) gebracht, die als britische Staatsbürger außerhalb der lokalen Gerichtsbarkeit agierten. Die Bauern trugen das Risiko und die wiederkehrende Realität von Ernteausfällen und waren durch Kredite, die kaum zurückgezahlt werden konnten, zu einem großen Teil dauerhaft verschuldet.

Die Übertragung einer globalisierten Art und Weise, Farbe kontrolliert zu gewinnen, industriell zu produzieren und profitabel zu veräußern, war trotz (oder wegen) der zeitweiligen Monopolstellung auf dem Weltmarkt und trotz kräftiger Gewinne in vielerlei Hinsicht ein kläglicher, desaströser Fehlschlag. Dem Wirtschaftswissenschaftler Raaj Sah zufolge war das von den britischen Kolonialherren geschaffene Organisationsgefüge für die Ernte und Produktion von Indigo in Bengalen völlig ungeeignet. Die kolonial aufgepfropfte Wirtschaftsbotanik widersprach den lokal verankerten, kleinräumigen und beweglichen, den Anbaubedingungen angepassten Organisationsweisen.[9] Missernten, Armut, Migration und Aufstände waren die Folge. In die Geschichtsbücher eingegangen sind die *blue mutinies*, die Indigo-Unruhen Mitte des 19. Jahrhunderts, als sich Zehntausende von Indigo-Bauern gegen die Produktionsweise, Gier und Grausamkeit der britischen Herren zur Wehr setzten, gegen die »blauen Affen«, die das goldene Land Bengalen in Schutt und Asche gelegt hätten, und um »den Geist des Indigos aus dem Land zu treiben«.[10]

8 Vgl. Martin Jay / Sumathi Ramaswamy (Hrsg.), *Empires of Vision. A Reader*. Durham: Duke University Press 2014.

9 Vgl. Raaj Sah, *Features of British Indigo in India*. In: *Social Scientist*, Nr. 9/2–3, September-Oktober 1980.

10 Subhas Bhattacharya, *The Indigo Revolt of Bengal*. In: *Social Scientist*, Nr. 5/12, Juli 1977.

VI

Die Widerstandsbewegung zerstörte die Indigo-Produktion in Niederbengalen und löste mit ihrer Offenlegung des Regimes aus Unterdrückung und Zwang im weit entfernten London liberales Händeringen aus. Dennoch gelten die Indigo-Unruhen weder als Geburtsstunde einer antikolonialen Bewegung noch läuteten sie das Ende der kolonialen Farbstoffindustrie ein, die sich im Norden Bengalens neuformierte und sogar weiter expandierte. Es bedurfte des Innovationsparadigmas der künstlichen Farben und der alchemistischen Erzeugung brillanter Farbtöne in den Labors der Unternehmen in den Kernländern der Kolonisatoren, um die wirtschaftliche und koloniale Botanik zu beseitigen, den Geist des Indigos in Indien zur Ruhe zu bringen und ihn anderswo neu zu entfesseln.

Das genauso affektive wie ökonomische Verlangen nach brillanten Farben befeuerte die zweite industrielle Revolution und die Etablierung und den Aufstieg der chemischen Industrie, insbesondere in Deutschland, von wo aus die synthetisch produzierende Farbstoffindustrie Anfang des 20. Jahrhunderts 80 Prozent der globalen Nachfrage nach Farbstoffen befriedigte. Mit Blick auf den Handel mit kolonialen Farben war Indigo dabei die letzte, widerstandsfähigste Hürde. Vergleichsweise spät, erst 1878, gelang es dem deutschen Chemiker Adolf von Baeyer, das Indigokarmin (ein indigoider Säurefarbstoff) synthetisch herzustellen, und gut zehn Jahre später begann die BASF mit der standardisierten Großproduktion. In nur wenigen Jahren war die kolonial-ökonomische Ausbeutungsbotanik in Bengal am Ende.

Der Soziologe Andrew Pickering hat den Aufstieg der deutschen Farbstoffindustrie als Entstehung eines akademisch-wissenschaftlich-industriellen Komplexes interpretiert. Dieser Typus Organisationskomplex aus verzahnter universitärer und industrieller Forschung, Entwicklung und Produktion präge bis heute die Weltwirtschaft.[11] Farbe wurde hier zum Ausgangspunkt einer neuen Verflechtung von Wissenschaft und Industrie, die in Deutschland in der zweiten Hälfte des 19. Jahrhunderts Gestalt annahm. Das beinhaltete unter anderem die Erfindung industrieller Forschungslabore und -abteilungen. Als klar definierte und autonome Einheiten innerhalb von Unternehmen wurden sie zu Orten angewandter Forschung, die sich von (in der Folge oft weniger gut ausgestatteten) universitären Forschungslaboren einerseits abgrenzten

11 Andrew Pickering, *Decentering Sociology: Synthetic Dyes and Social Theory*. In: *Perspectives on Science*, Nr. 13/3, September 2005. Zur kulturgeschichtlichen Engführung von Farbsehnsucht, Farbtheorie und chemischer Industrie vgl. Esther Leslie, *Synthetic Worlds. Nature, Art and the Chemical Industry*. London: Reaktion Books 2006.

und andererseits untereinander vielfältige Austauschbeziehungen etablierten, so dass sich auch die universitäre naturwissenschaftliche Forschung anpasste (und die Rolle des akademischen Unternehmensberaters etablierte, indem Chemiker ihr Wissen den Unternehmen zur Verfügung stellten).

Diese Verwissenschaftlichung industrieller Entwicklung und Produktion trat an die Stelle der Figur beziehungsweise des »Innovationsmodells« des Einzelerfinders und -unternehmers, der im 19. Jahrhundert oftmals zufällig über einen neuen Anilinfarbstoff stolperte und daraus ein Unternehmen machte – verkörpert durch das Mauve von William Perkin und seine Fabrik in Greenford Green oder durch das Berliner Blau, später Preußisch Blau, des windigen Gespanns aus dem Farbhändler Johann Jacob Diesbach und dem Chemiker Johann Konrad Dippel. Pickering zufolge veränderte die Suche nach marktfähigen künstlichen Farbstoffen auch die Patentgesetzgebung und die rechtlichen Rahmenbedingungen für die Anerkennung und den Schutz von Produktionspatenten. Die Forschungsabteilungen in Unternehmen begannen mit dem Aufbau von Patentportfolios mit der Aussicht auf hochrentable oder tödliche Einsatzfelder der Farbstoffchemie und ihre vielfältigen *Spin-offs*: synthetische Pharmazeutika, Kunststoffe, Nitrate für Düngemittel, Explosivstoffe, Munition, Zyklon B.

Das Innovationsparadigma künstlicher Farben bildete die finanzielle und wissenschaftliche Quelle der Unternehmen, die 1925 zum IG Farben-Konglomerat fusionierten, das sich in der Zeit des Nationalsozialismus zum größten Chemie- und Pharmakonzern der Welt entwickelte. So war die zur Feier des 1. Mai 1938 veröffentlichte IG Farben-Hochglanzschrift *Erzeugnisse unserer Arbeit* eine Eloge an die schillernde Kraft der Farbe, die nun mit einer völkischen Ideologie der deutschen Überlegenheit zu einer vereinheitlichenden Organisationskraft des »Volksfarbempfindens« synthetisiert wurde (IG Farben wurde 1937 endgültig »nazifiziert«). Denn die deutschen synthetischen Farben seien authentischer und wahrhaftiger – farbechter, lichtbeständiger und widerstandsfähiger – als ihre »natürlichen« Vorgänger. Das galt nicht zuletzt für Indigo und Blau als Sehnsuchtsfarbe: Nach Jahren unerbittlicher, heroischer Forschungs- und Entwicklungsarbeit sei es gelungen, die Abhängigkeit von Ländern mit rückständigen Produktionsweisen nicht nur zu überwinden: »Wie sie [die deutschen Teerfarbstoffe und Textilhilfsmittel] uns in der Heimat dienen, dienen sie, Künder deutschen Fleißes, den Färbereien und Haushalten der fernsten Völker.«[12]

12 I. G. Farbenindustrie Aktiengesellschaft, *Erzeugnisse unserer Arbeit*. Frankfurt am Main 1938. Der Begriff des Volksfarbempfindens stammt von Ute Holl, *»Ich kann beim besten Willen kein Blut sehen«. Gesellschaftsvertrag und rote Farbe in Godards »Week-end«*. In:

VII

Die ungemein reiche und wechselhafte, gleichermaßen prächtige und grauenhafte Geschichte des Indigos, wie sie hier bloß ausschnitthaft zur Sprache kommt, rückt die Sehnsucht nach Farbe und den Kampf um ihre Gewinnung und profitable Vermarktung ins Zentrum des Nachdenkens über soziale Organisation und ökonomische Organisationsweisen.[13] *Redeeming indigo* ist damit nicht auf die Vergangenheit beschränkt, ist nicht allein die Auseinandersetzung mit anders gefärbten und neu zu beschreibenden historischen Szenen und den Spuren, die sie hinterlassen. Auch gehen Rehabilitation und Wiederbelebung des Indigos und der Techniken seiner Herstellung über den Bereich der zeitgenössischen Kunst und des Designs und über die Wiederkehr manuell hergestellter Blautöne auf den Laufstegen und Plattformen des gehobenen Konsums hinaus.

Fofanas Handwerk ist Teil einer Hinwendung zu ökologischeren Produktionsweisen, die auf erneuerbare Ressourcen setzten und den giftigen Abfall der synthetischen Farbstoffproduktion zu vermeiden suchten. Einer in *Nature* publizierten Studie zufolge werden jedes Jahr mehr als vier Milliarden Kleidungsstücke aus Jeansstoff hergestellt und dabei zum allergrößten Teil mittels synthetischen Indigos und unter Einsatz chemischer Bleichmittel gefärbt (auch eine verwaschene Optik ist synthetisch zu simulieren). Die unbehandelten Abfälle aus Jeansfabriken sollen ganze Flüsse an ostasiatischen Produktionsstandorten blau färben.[14]

So widmen sich beispielsweise durch die EU finanzierte Forschungs- und Entwicklungsprojekte der Wiedereinführung und Etablierung von Indigo erzeugenden Pflanzen wie Färberwaid in der europäischen Landwirtschaft, mit dem Ziel, zumindest einen kleinen Teil des jährlichen Indigo-Bedarfs durch lokal erzeugtes, »natürliches« Indigo zu decken und die ländliche Wirtschaft zu fördern. Allerdings ist der Rückbezug auf tradierte Produktionsweisen so land- und wasserintensiv, dass sie für einen stark bevölkerten Planeten und

Anja Lauper (Hrsg.), *Transfusionen. Blutbilder und Biopolitik in der Neuzeit*. Zürich: diaphanes 2005. Das literarische Monument dieser Zusammenhänge ist Thomas Pynchons 1973 erschienener Roman *Gravity's Rainbow*, von Elfriede Jelinek und Thomas Piltz als *Die Enden der Parabel* ins Deutsche übersetzt (Reinbek: Rowohlt 1981).

13 Vgl. Timon Beyes, *Organizing Color. Toward a Chromatics of the Social*. Stanford University Press 2024.

14 *Chemists go Green to Make Better Blue Jeans*. In: *Nature* vom 9. Januar 2018 (www.nature.com/articles/d41586-018-00103-8); vgl. Tammy M. Hsu u.a., *Employing a biochemical protecting group for a sustainable indigo dyeing strategy*. In: *Nature Chemical Biology*, Nr. 14, 2018.

jenseits kleiner Margen kaum machbar scheint. Wie *Nature* ebenfalls berichtet, wird zudem an der Entwicklung einer Methode zur Herstellung von Indigo-Farbstoffen gearbeitet, die auf gentechnisch veränderten Bakterien beruht. Die Hoffnung ist, dass eine gentechnisch manipulierte Generation von Farbstoffen ohne die giftigen Abfälle der chemischen Produktion und den übermäßigen Bedarf an Land und Wasser (und die Langsamkeit) der tradierten Produktionsweisen auskommt. Indigo, Motor der vormodernen merkantilen Integration, Koks des Empire, der kolonial-ökonomischen Botanik und der zweiten industriellen Revolution, scheint bereit für das nächste Innovationsparadigma.

Literaturkolumne

Neues über die Mitte des Lebens

Von Hanna Engelmeier

Der Soziologe Erving Goffman beschrieb in seiner Studie *Stigma* die Sorge, die ein stigmatisiertes Individuum stets umtreibe, dass sein Anderssein für andere »unmittelbar evident« sein könne, dabei sei die Misere, diskreditiert (also schon als stigmatisiert erkannt) zu sein, ebenso zu beachten wie die, möglicherweise überhaupt diskreditierbar zu sein (also potenziell, aber noch nicht allgemein als stigmatisiert erkannt).[1]

Die Autorin Stefanie de Velasco erinnert sich in ihrem Memoir *Heiss* an Goffmans Konzept, während sie in der Bibliothek nach Literatur zum Thema Menopause recherchiert.[2] Keinesfalls, so schreibt sie, habe sie dabei beobachtet werden wollen, wie sie sich mit dem Thema beschäftigte, zu peinlich das Gefühl, als Betroffene identifiziert zu werden oder auch nur als möglicherweise schon demnächst Betroffene. Warum denn eigentlich? Das fröhliche Enttabuisierungsbuch *Darm mit Charme* wird doch auch im ÖPNV gelesen. Eventuell muss man es so sagen: Ein unter anderem für Verdauung zuständiges Organ zu haben weist einen als Menschen aus, in den Zustand der Menopause zu geraten als alternde Frau.[3]

De Velascos Memoir und einige andere im vergangenen Jahr in ganz unterschiedlichen Genres erschienene Bücher wenden sich derzeit dem Versuch zu, die Genese dieses Stigmas zu verstehen, ihren eigenen Umgang damit zu gestalten und es bestenfalls abzubauen. Das ist nicht so einfach, wie sich de Velasco bei ihrem Versuch zeigt, das Gefühl der Stigmatisierung erst einmal zu ergründen und es radikal umzuwenden. Als prominente Figuren, die ihr als erste Vorbilder für eine Lebensphase einfallen, der sie sich selbst nähert, nennt sie Fräulein Rottenmeier und Camilla Parker Bowles: »Schabracken, Fregatten, Spinatwachteln«, denen ein Leben bevorsteht, das ungefähr so abwechslungsreich und interessant ist wie das »Testbild im Fernsehen«. Dabei hätte ihr allein schon am Leben ihrer eigenen Mutter und dem Zusammenfall von deren Wechseljahren mit ihrer Teenagerzeit auffallen können, wie unrichtig diese Annahme ist. *Heiss* ist auch eine Hommage an das Leben einer unterschätzten Frau und die Neubewertung des schwierigen Liebesverhältnisses zwischen Müttern und Töchtern.

1 Erving Goffman, *Stigma. Über Techniken der Bewältigung beschädigter Identität* [1975]. Aus dem Amerikanischen von Frigga Haug. Berlin: Suhrkamp 2024.

2 Stefanie de Velasco, *Heiss. Liebeserklärung an die Wechseljahre*. Hanser Berlin 2025.

3 Dieser Text erkennt an, dass es auch Personen in der Menopause gibt, die sich selbst nicht als Frauen identifizieren und dementsprechend auch nicht von anderen als solche identifiziert werden sollten. Da die Literatur, um die es geht, jedoch an dem kulturell, sozial und sprachlich konventionalisierten Konzept »alternde Frau« / »Frau« arbeitet, wird es hier in allem Respekt vor allen nonbinären Identitäten verwendet.

De Velasco widmet sich sowohl der eigenen Ignoranz, die in Spinatwachtel-Assoziationen zum Ausdruck kommt, als auch deren Ersetzung durch neue Konzepte für das mittlere Lebensalter und den Übertritt ins Alter. Die Schwierigkeit, der sie in ihrem Buch nachgeht, besteht in der Feststellung, was zuerst kam: die eigene Ignoranz oder ein armseliges Rollenangebot für alle, die sich weder mit Heidis Gouvernante noch mit Prinz Charles' Gemahlin identifizieren können oder wollen. Vorsichtigen Schätzungen zufolge könnte das weltweit eine Mehrheit unter allen potenziell Interessierten sein.

Für diese Gruppe (und auch alle anderen) erschien praktischerweise im vergangenen Mai der neueste Roman der Performancekünstlerin, Regisseurin, Schauspielerin und Autorin Miranda July. *All Fours* (2024) wird auch bei de Velasco als eines der lang ersehnten, wichtigen kulturellen Artefakte genannt, die in der Lage sein könnten, das Nachdenken über das Leben von Frauen in der zweiten Lebenshälfte zu verändern.

All Fours erzählt die Geschichte einer fünfundvierzigjährigen Performancekünstlerin, die ihrer eigenen Einschätzung nach zwar nur halbwegs berühmt, aber doch so erfolgreich ist, dass sie sich ein Leben ohne Brotjobs in einem behaglichen Heim mit ihrem Mann Harris, einem Musikproduzenten, und ihrem gemeinsamen nonbinären Kind Sam in Los Angeles leisten kann. Als sie eines Tages Tantiemen aus einer ihrer Arbeiten erhält, die zwar erheblich, aber auf ihrem Niveau nicht lebensverändernd sind, entschließt sie sich, mit diesem Geld einen Roadtrip von Los Angeles nach New York zu unternehmen, um dort zum ersten Mal seit längerem etwas Zeit allein zu verbringen. Schon nach einer Stunde Reise wird sie bei einem Halt an einer Tankstelle von einem deutlich jüngeren Servicemitarbeiter namens Davey bedient, dessen Attraktivität ihr derart durch Mark und Bein fährt, dass sie ihre Pläne umwirft, sich in das nächstgelegene schäbige Motel einmietet und dort beginnt, ihrem feuerspeienden Begehren nach diesem Mann nachzugehen und zu versuchen, ihn aus seiner Ehe in ihren Bann zu ziehen.

Zum Einsatz kommen dabei die Umgestaltung ihres Motelzimmers zu einer Art Boudoir (besorgt von der nichtsahnenden Ehefrau ihrer *thirst trap*, die praktischerweise Dekorateurin ist) und gemeinsame Spaziergänge, verbunden mit dem Versuch, über ihr bisher zur Verfügung stehende Verführungsmethoden etwas zu erreichen (das heißt: Reden). Zunächst gelingt es. Es entsteht eine hitzige, auch physische Intimität zwischen ihnen, was eine etwas schwiemelige Beschreibung für das ist, was bei July als gottloses Rummachen für Fortgeschrittene geschildert wird: Solange kein Küssen und keine Genitalien involviert werden, sieht Davey seine Ehe auf beinahe schon anrührende Weise als nicht kompromittiert an. Die erotischen Fantasien der Heldin scheitern daran. Nicht nur, dass ihr Davey versagt, sie in Handlungen zu übersetzen. Er hat auch keine Intentionen, seine Frau zu verlassen, und sie selbst muss zu ihrer Familie zurückkehren. Ihr Herz ist gebrochen.

Nicht zum letzten Mal: July schickt ihre Protagonistin, auf deren fiktionalem Charakter sie beharrt, im zweiten Teil des Romans in eine weitere Liebesgeschichte, in der ihr ein weiteres Mal Erfüllung vorenthalten wird: Dieses Mal jedoch nicht, wie im Fall des schönen Tankwarts, durch die Verweigerung von Sex, sondern durch einen konsumierenden, gleichgültigen Umgang damit. Diesen pflegt die Künstlerin Kris, in die sich die *All Fours*-Heldin verliebt und daraufhin eine *conscious-uncoupling*-Phase mit ihrem Ehemann Harris einleitet, auf die Gwyneth Paltrow, die uns mit diesem Konzept gesegnet hat, nur stolz sein könnte.

In der absoluten Zerschmetterung, die auf die erneute Enttäuschung folgt, betrachtet die Protagonistin einmal eine Skulptur einer befreundeten Bildhauerin, die eine Frau ohne Kopf auf allen Vieren zeigt:[4] »›Everyone thinks doggy style is so vulnerable,‹ Jordi said, ›but it's actually the most stable position. Like a table. It's hard to be knocked down when you're on all fours.‹«[5] Diese den Titel des Buches gewissenhaft aufklärende Stelle ist die in der digitalen Ausgabe des Buches am meisten markierte Stelle. Das Buch endet mit einer Rückkehr in den aufrechten Gang, Druckstellen am Knie, Narben und alles. »Golden light everywhere«, so der letzte Satz, der nun auch den Kreis zu dem auf dem Buchumschlag abgebildeten Sonnenaufgang (oder ist es ein Sonnenuntergang?) schließt.

Es wäre ungenau beschrieben, *All Fours* einen »Erfolg« zu nennen. Julys zweiter Roman erschien zeitgleich im englischen Original und der deutschen Übersetzung von Stefanie Jacobs,[6] begleitet von Berichterstattungen in international beachteten Zeitschriften,[7] einer weitläufigen Repräsentation des Buches auf Instagram, sowohl über den Account der Autorin als auch über Tausende Beiträge anderer Accounts, auf denen der in der Ferne verheißungsvoll leuchtende Sonnenaufgang (oder doch: -untergang?) aus der Kachel strahlte. Das Gefühl, über eine geteilte Erfahrung in intimer Form zu kommunizieren, drückte sich dabei in der vielfachen

4 Die beschriebene Skulptur hat starke Ähnlichkeit mit einer Skulptur von Isabelle Albuquerque, die in einer Installation zu sehen war, die die Bildhauerin gemeinsam mit Robert Therrien im Herbst 2024 in Los Angeles ausstellte (gagosian.com/quarterly/2024/11/25/interview-isabelle-albuquerque-robert-therrien/). Albuquerque, die in einem Instagram-Post von July auftaucht, in dem diese schreibt, sie wolle dieses Foto sichern, um in ihrem Stream dorthin scrollen zu können, stellte am 27. April 2024 wiederum in einem Instagram-Post der Weltöffentlichkeit ein Bild eines von ihr errichteten Altars für *All Fours* zur Verfügung. Die Rezeption des Romans ist ohne die Social-Media-Plattform Instagram, die sich wie alle anderen Produkte von Meta seit der erneuten Übernahme der Präsidentschaft der USA durch Donald Trump dessen autoritärem Programm geschmeidig andient, nicht denkbar. Eventuell übersehe ich etwas, aber dieser Punkt wird von der ansonsten um keine selbstreflexive Schleife verlegenen July, die ebenfalls auf Instagram unter anderem ihre Unterstützung für Trans-Kinder dokumentiert (einer Gruppe, die unter Trump II besonderer Gefahr ausgesetzt ist), nicht thematisiert.

5 Miranda July, *All Fours*. New York: Riverhead Books 2024.

6 Miranda July, *Auf allen vieren*. Übersetzt von Stefanie Jacobs. Köln: Kiepenheuer & Witsch 2024.

7 Zum Beispiel Alexandra Schwartz, *Miranda July turns the lights on*. In: *New Yorker* vom 10. Mai 2024 (www.newyorker.com/magazine/2024/05/20/miranda-july-profile); Jenessa Abrams, *Standing on the Cliff of Motherhood*. In: *Los Angeles Review of Books* vom 13. Mai 2024 (lareviewofbooks.org/article/standing-on-the-cliff-of-motherhood-on-miranda-julys-all-fours/); Lara Feigel, *All Fours by Miranda July review – larger than life*. In: *Guardian* vom 16. Mai 2024 (www.theguardian.com/books/article/2024/may/16/all-fours-by-miranda-july-review-larger-than-life).

Verwendung von #allfoursgroupchat aus. Ab November 2024 postete July zusätzlich auf ihrem neugegründeten Substack-Kanal Szenen, die es doch nicht in den Roman geschafft hatten, oder auch Beiträge ihrer Leserinnen und Leser, in denen diese ihre Perspektive auf Themen wie nichttraditionelle Ehen schildern, die in *All Fours* eine zentrale Rolle spielen.[8]

Die begeisterte Aufnahme des Romans, der neben den skizzierten Plotlinien in jedem Detail gesättigt ist von einer gekonnten Montage all jener Elemente, die derzeit einen ästhetisch informierten und weltanschaulich progressiven Lebensstil kennzeichnen, lässt sich möglicherweise weniger durch das Identifikationspotenzial mit den Lebensumständen und Handlungsspielräumen erklären, die die Hauptfigur besitzt. Sie ist überdurchschnittlich attraktiv, wohlhabend und anderweitig privilegiert, was sie eher als Gegenstand von Neid oder als unerreichbares Vorbild infrage kommen ließe.

Aber ihr Leiden ist real. Neben dem unerfüllten Begehren und Liebeskummer hat July ihrer Figur auch noch ein Trauma mitgegeben: Bei der Geburt ihres Kindes Sam ist bei ihr eine fötal-maternale Blutung eingetreten, an der ihr Kind beinahe gestorben wäre. Auch diese Erfahrung hat sie beinahe in die Knie gezwungen. *All Fours* bietet eine Mantelerzählung über zahlreiche radikale Transformationen an, die alle Ebenen des Lebens durchdringen. Die Veränderung des eigenen Körpers, der zum ersten Mal in ihrem Leben vielleicht nicht mehr für alle Menschen attraktiv ist (eine Erfahrung, mit der Julys Erzählerin möglicherweise tatsächlich allein dasteht), die Neuordnung der Ehe, ihrer Freundschaften, ihrer sexuellen Orientierung gehören ebenso dazu wie die Auseinandersetzung mit ihrer künstlerischen Arbeit.

Der umfassende Charakter dieser Transformationen macht das Erleben dieser Lebensphase in ihrer literarisierten Form zu einer monströsen Erfahrung, die sich auch bei Stefanie de Velasco in *Heiss* findet. Als Identifikationsfigur für hormonell bedingt extreme Stimmungswechsel taucht bei ihr Hulk auf, ein Monstrum, das nicht anders kann, als sich bei den nichtigsten Anlässen in ein brüllendes grünes Wesen zu verwandeln, eine Gefahr für sich und andere: »Der Hulk will eigentlich immer weglaufen, aber seine Verwandlung zwingt sich ihm auf.« Die Auseinandersetzung beider Autorinnen mit der Lebensphase, die ihre Bücher behandeln, kann als der Versuch einer Integration der Hulk-Anteile betrachtet werden, die Verwandlung der Angst vor der Metamorphose in eine affirmative Gestaltung des Prozesses: »Er kann nicht anders, und auch ich spürte diese Unausweichlichkeit meiner Verwandlung immer stärker. Ich gab mich ihr hin, mit allen Ängsten und Verheißungen.«

Beide Autorinnen machen in ihrer Darstellung der körperlichen Transformation, die der Menopause bereits vorangeht, keine Gefangenen. Ob man Wert darauf legt, in *Heiss* über die Veränderung des Menstruationsbluts der Autorin informiert zu werden, wird sich vor allem daran entschei-

8 Outtakes sind unter mirandajuly.substack.com/p/the-human-body-experience nachzulesen; eine Auseinandersetzung mit der Frage, ob und falls ja, wann man Kinder bekommen sollte, ist unter mirandajuly.substack.com/p/whether-to-have-kids-weather-to-have einsehbar. Das Forum für Beiträge ihres Publikums findet sich unter mirandajuly.substack.com/p/your-non-traditional-marriages-part-06c.

den, ob man diese Beschreibung als einen ermächtigenden Akt sieht, durch den das, was als abjekt zu betrachten noch immer kulturell fest verankert ist, zu einem körperlichen Vorgang unter anderen wird – was aber erst dann gelingen kann, wenn er so oft beschrieben und in literarischen und nichtfiktionalen Texten Präsenz erhalten hat, dass er nicht mehr durch den Ich-mache-hier-übrigens-was-Radikales-Subtext seinen Sonderstatus eher befestigt als verliert.

In *All Fours* wird dieser Effekt mit viel Nachdruck angezielt. Eine der Szenen des Romans, die in kaum einer Besprechung und kaum einem Gespräch über das Buch fehlen durfte, schildert den Höhepunkt des Ineinanders von Verlangen, Zurückhaltung und Exzess, in das sich die Erzählerin und Davey begeben. Da sie auf Wunsch von Davey keinen penetrativen Sex haben können, wählen sie andere Wege, in denen sie ihre Körperinnenseiten für die andere Person spürbar machen können. Nachdem Davey über die Hände der Erzählerin gepinkelt hat, sie ihm aber diese Erfahrung gerade nicht ermöglichen kann, entfernt er ihren Tampon. Diese Handlung transzendiert allerdings nicht nur ihre bisherigen sexuellen Erfahrungen, sondern führt ihr etwas Grundsätzliches über ihre Erfahrung des Lebens in einem weiblich interpretierten Körper vor: »I felt close to tears, some combination of shame, excitement, and an unexpected kind of sadness, as if this were coming after a lifetime of neglect. I had been so completely alone with my period all these years.«

Die Beschreibung ihres fast schwärzlichen Menstruationsbluts auf dem Tampon, das eine der späten Runden innerhalb des Grundrhythmus ihres Lebens anzeigt, markiert eine spät, aber nicht zu spät gewonnene Einsicht über die Verschränkung der Verfügbarkeit ihres Körpers für Reproduktion und der fehlenden Sorge anderer genau dafür. Nicht nur in dieser Szene behandelt *All Fours* die grauenhafte Einsamkeit und Vereinzelung, die es in Julys Darstellung bedeutet, als Mensch im Körper einer Frau zu leben, und die Chancen, die darin bestehen, ein dafür weithin noch immer bestimmendes Kriterium hinter sich zu lassen: schwanger werden zu können.

Während Julys Literarisierung dieses Themas für viele Leserinnen und vermutlich auch einige Leser aufregend und befreiend war, weil es einen Gesprächsanlass bot, um eigene Erfahrungen über Bande zu spielen,[9] gibt es auch Gründe dafür, die Fokussierung auf die Menopause in der Auseinandersetzung um das mittlere Lebensalter von Frauen kritisch zu sehen. So geschieht es beispielsweise in Susanne Schmidts Studie *Midlife Crisis*, die dieses Jahr erschienen ist.[10]

Diese Studie, die auf der ursprünglich auf Englisch verfassten Dissertation der Wissenschaftshistorikerin beruht, zeichnet die Geschichte eines Konzepts nach, das 1976 von der Journalistin Gail Sheehy in ihrem Buch *Passages – Predictable Crises of Adult Life* popularisiert wurde. Schmidt geht der verästelten Rezeption dieses Best-

9 Eine Darstellung der vielfältigen und ausufernden Kommentierung des Romans und seines Inspirationspotenzials findet sich in Zoe Williams, *»This book is my bible!«* In: *Guardian* vom 24. Dezember 2024 (www.theguardian.com/lifeandstyle/2024/dec/24/this-book-is-my-bible-the-women-who-read-miranda-julys-all-fours-then-blew-up-their-lives).

10 Susanne Schmidt, *Midlife Crisis. Von den feministischen Ursprüngen eines Männer-Klischees*. München: Goldmann 2025.

sellers auch nach, um zu zeigen, in welcher Weise seit den 1970er Jahren feministische Publizistik zu einem kommerziellen Erfolg werden und feministische Forschung transdisziplinär avancieren konnte.[11]

Geprägt wurde der Begriff »Midlife Crisis« schon in den fünfziger Jahren durch Elliott Jaques, einen Psychoanalytiker und Unternehmensberater. Die Krise im mittleren Alter, die bei Sheehy als ein universales Phänomen geschildert wurde, das je nach geschlechtsspezifischer Sozialisation sehr unterschiedliche Ausprägungen annehmen und sowohl positive (vor allem bei Frauen) und negative (vor allem bei Männern) Bewertungen erfahren konnte, gerann schnell zu einem Klischee und wurde von Psychologen gekapert, die es sich zwecks Rechtfertigung regressiven männlichen Verhaltens Ü40 zurechtinterpretierten.

Während Sheehy sich insbesondere für Paarbeziehungen und deren Interdependenz zum Sozialen interessierte und dafür qualitative Interviews führte, fokussierte die Forschung zum Thema Altern und den Lebensläufen von Frauen das mittlere Alter vor allem als Einschnitt hinsichtlich der biologischen Reproduktionsfähigkeit.

Schmidts Buch zeigt, auf welche teils haarsträubende Weise ein Prozess, dessen Abschluss von vielen Frauen trotz aller Belastungen als Erleichterung erfahren wurde und wird, fortwährend als negativ beschrieben wurde und wie damit alle anderen lebensweltlichen, sozialen und psychischen Vorgänge, die die Lebensmitte bestimmen mögen, konsequent zurückgedrängt wurden. Dabei spielte aber laut Schmidt auch die wissenschaftliche Fokussierung auf körperliche Veränderungen und biologische Reproduktion, die bis heute ein entscheidendes Thema in Büchern wie *All Fours* oder *Heiss* ist, eine entscheidende Rolle: »Hauptgrund für die Vernachlässigung positiver Konzepte in der historischen Forschung zum Thema Geschlecht und mittleres Alter ist die Fokussierung auf die Menopause und damit auf die Beiträge von medizinischen und psychiatrischen Expertinnen und Experten. Reproduktive und klinische Studien konzentrieren sich auf den weiblichen Körper und auf Mutterschaft und stellen die pathologischen, vermeintlich krankhaften Aspekte der mittleren Lebensjahre in den Vordergrund.«

Schmidt entfaltet in ihrem Buch zwar engagiert, jedoch mit ruhiger Hand ein publizistisches und wissenshistorisches Panorama, anhand dessen nachvollziehbar wird, wie es dazu kommen konnte, dass Sheehys Konzept einen Aneignungsprozess durchlief, in dem aus einer Auseinandersetzung mit der Bedeutung verschiedener Lebensphasen in den Biografien von Frauen *und* Männern grob verkürzt ein Begründungszusammenhang für Rücksichtslosigkeit und Hedonismus der peinlicheren Art bei Männern ab Vierzig gezimmert wurde, in dem ein erheblicher Teil des ursprünglich beobachteten Samples zum Verschwinden gebracht wurde.

11 Schmidt führt als große Publikationserfolge unter anderem die erste kommerzielle Ausgabe von *Our Bodies, Ourselves* an, einem Handbuch des Boston Women's Health Collective, das ab 1980 auch in Deutschland erschien. Aber auch Sammelbände wie *Woman in Sexist Society* (1971, hrsg. v. Vivian Gornick u. Barbara Moran) oder *Sisterhood is Powerful* (1970, hrsg. v. Robin Morgan) weist Schmidt als Anfänge einer feministischen Publizistik aus, die in den 1970er Jahren in den USA den gesellschaftlichen Mainstream bestimmte.

Gail Sheehy wird bei Schmidt nicht nur als wichtigste Figur in der Auseinandersetzung mit dem Midlife (auch ohne Crisis) rehabiliert, sondern auch als ein bestimmter Autorinnentyp eingeführt, der zu ihrer Zeit ungefähr so einen guten Ruf genießt wie Fräulein Rottenmeier und Camilla Parker Bowles: die Autorin eines wissenschaftlich fundierten populären Buches, das ein Bestseller wurde und sein zentrales Konzept auch in der sogenannten Normalwissenschaft durchsetzen konnte. Sheehy hatte sich noch dazu herausgenommen, ihre Auseinandersetzung mit den typischen Krisen bestimmter Lebensphasen mit einer Schilderung einer persönlichen Erfahrung zu beginnen.

Passages eröffnet mit einem verstörenden Bericht Sheehys über ihren Einsatz als Reporterin während des nordirischen Blutsonntags 1972. Den psychischen Zusammenbruch, den sie im Anschluss erlebte, führte sie nicht allein auf die Beobachtung extremer Gewalt der britischen Armee gegen Zivilisten zurück. Eine Rückführung auf existenzielle Fragen erlebte sie daran anschließend auch mit Blick auf ihre persönlichen Lebensentscheidungen und Ziele. Die Übersetzung persönlicher Betroffenheit in eine auch allgemein relevante Forschungsfrage war nicht der einzige Punkt, der *Passages* bei der Aufnahme in der Fachöffentlichkeit zum Nachteil geriet.

Schmidt behandelt in *Midlife Crisis* dementsprechend nicht allein die Genese und Veränderungen eines Konzepts, das bis heute in einer breiten Öffentlichkeit einflussreich ist, sondern auch die Ungleichbehandlung von Wissensproduktion je nach Geschlecht und institutionellem Prestige. Die Nachteile, die Frauen dabei häufig insbesondere dann entstehen, wenn sie in Teams mit Männern arbeiten, ist von Margaret Rossiter nach der Frauenrechtlerin und Wissenschaftssoziologin Matilda Gage als »Matilda-Effekt« bezeichnet worden, den auch Schmidt für Sheehy in Anschlag bringt. Schon vor der Publikation von *Passages* war diese unter anderem mit Plagiatsvorwürfen gegenüber ihrer Arbeit konfrontiert, etwa durch den Psychologieprofessor Roger Gould, mit dessen Arbeit sich Sheehy in einem Vorabdruck ihres Buches intensiv auseinandergesetzt hatte.

Neben Gould bringt Schmidt als Gegner der Arbeit Sheehys vor allem die Arbeiten der Psychiater George Vaillant und Daniel Levinson in Stellung. Letzterer führte seit 1968 ein »Male Midlife«-Projekt durch, das Sheehy seit 1973 auch bekannt war. Schmidt arbeitet heraus, wie insbesondere durch diese Arbeiten die Idee der Midlife Crisis als zweite Adoleszenz charakterisiert und entschuldigt wurde: »Die männliche Midlife-Crisis diente [in Daniel Levinsons Projekt] als Entschuldigung dafür, Frau und Familie zu verlassen. Die Metapher der Adoleszenz wurde genutzt, um das Ausbrechen aus der Ehe als einen Akt der ›gänzlichen Selbstbefreiung aus der Mutter-Kind-Beziehung‹ zu rechtfertigen, wie Levinson es in seinem ersten Forschungsbericht ausdrückte. So wichtig die Ehefrau für einen Mann Ende zwanzig oder Anfang dreißig gewesen war, im mittleren Alter sei sie für ihn ›weder unerlässlich noch begehrenswert‹. Der berufliche Erfolg, zu dem die Ehefrau beigetragen hatte, nahm für den inzwischen vierzigjährigen Ehemann einen geringeren Stellenwert ein; mehr noch, die vormals ›besonderen‹ Qualitäten einer Frau galten ihm nun als ›übertrieben kontrollhaft‹,

›erdrückend‹, ›herabsetzend und erniedrigend‹.«

Diese Ergebnisse hatte Levinson durch die Befragung von vierzig Männern erzielt, die bei Projektbeginn zwischen fünfunddreißig und vierzig Jahre alt waren, an der Ostküste lebten und beruflich als Manager (zehn Mal), Arbeiter (ebenfalls zehn), Biologen und Schriftsteller tätig waren. Zwei der Schriftsteller waren schwarz, ebenso drei der Arbeiter. Ansonsten handelte es sich, wie allerdings auch in den Untersuchungen Sheehys, ganz überwiegend um eine Studie, die sich der Lebensrealität einer weißen gehobenen Mittelschicht widmete, in der sich ein Bedeutungsverlust männlicher Ernährermodelle auszubreiten begann, dessen Ausläufer weiterhin zu beobachten sind. Es ist keine besonders überraschende, aber doch nicht genug hervorzuhebende Einsicht aus Schmidts Buch, dass es sich auch bei der Entwicklung des Konzepts der Midlife Crisis eigentlich um die Beschreibung einer Ausnahmesituation handelte: die derjenigen, die in materiell einigermaßen bis hervorragend abgesicherten Verhältnissen Gelegenheit hatten, sich mit etwa vierzig Jahren danach zu fragen, was das Leben *noch* für sie bereithalten könne. Die Situation all jener, die damit ausgelastet sind, den Status quo zu überleben, kann dabei schwerlich eine Rolle spielen.

Schmidt reflektiert diesen Punkt, der ihre These festigt, dass es sich bei der Midlife Crisis um ein »soziales, politisches und ethischen Konzept« handele, das an der »Schnittstelle von Selbst und sozialem Wandel« die temporale Dimension menschlichen Lebens ebenso adressiert wie das »Verhältnis von Möglichkeiten und Grenzen, Erfolg und Versagen«. Dass Letzteres im Erleben persönlicher Krisen als scheinbar unentwirrbares Knäuel von höchstpersönlichen Entscheidungen und deren psychosozialen Bedingungen erscheint, macht das Konzept zu einem so reizvollen Thema – bei dem insbesondere die Literatur Verdichtungen erreichen kann, die das Symptomatische an der gerade aktuellen, möglicherweise sogar angesagten Form von Midlife-Style pointierter charakterisieren, als das in notwendigerweise stärker differenzierenden Forschungsbeiträgen der Fall ist.

Das gilt zumindest für diejenige Literatur, die sich im Dienst des Realismus sieht und für ihre Wirksamkeit auf die identifikatorischen Lektüren ihres Publikums setzt. Einen anderen Weg als die Verfertigung eines möglichst inspirierenden Abbilds einer Wirklichkeit, die sich zum Abgleich mit dem eigenen Leben eignet, gehen die »performativen Erzählungen« von Mara Genschel.[12] Der Titel *Midlife-Prosa* zeigt dabei sowohl ein Thema als auch eine Sprachform an. Nach der Lektüre kann man fragen, ob das Verdienst des Buches nicht vor allem darin bestehen könnte, sich sowohl dem Thema als auch der Sprachform performativ zu verweigern. Wer nach der Lektüre von Büchern wie *All Fours*, *Heiss* oder von allseits herumgereichten, an *cringe* alles andere als armen Ratgebern wie *Women on Fire*[13] oder von philosophisch inspirierten Sachbüchern wie *Mitte des Lebens*[14] erwartet, dass sich unter

12 Mara Genschel, *Midlife-Prosa. Performative Erzählungen*. Schupfart: Engeler 2024.

13 Sheila de Liz, *Women on Fire. Alles über die fabelhaften Wechseljahre*. Reinbek: Rowohlt Polaris 2020.

14 Barbara Bleisch, *Mitte des Lebens. Eine Philosophie der besten Jahre*. München: Hanser 2024.

einem Titel, in dem »Midlife« vorkommt, konkrete, mehr oder weniger geschlechtsspezifische Reflexionen zum Thema Lebensentscheidungen, körperliche Veränderungen oder soziale Lage versammeln müssten, wird bei Mara Genschel erst einmal umdenken müssen.

Das war bereits 2022 absehbar, als sie bei ihrer Lesung im Rahmen der Tage der deutschsprachigen Literatur in Klagenfurt einen Beitrag ~~*Das Fenster zum Hof. Aus dem Amerikanischen von Jürgen Bauer und Edith Nerke*~~ vortrug, der nun in *Midlife-Prosa* ebenfalls enthalten ist. Genschel trat dort mit einem prächtigen angeklebten Schnurrbart auf und las ihren Text in einer Beiläufigkeit, die den Eindruck erwecken konnte, sie denke ihn sich im Vortragen überhaupt erst aus. Dabei sprach sie mit einem als amerikanisch zu interpretierenden Akzent.[15] Die Reaktionen reichten damals von Ratlosigkeit zu ratloser Genervtheit, von genervter Aggression bis hin zu größter Heiterkeit und Erleichterung darüber, dass in diesem Text endlich einmal nicht die Hände einer sterbenden Oma beschrieben wurden (auch wenn das so niemand sagte).

Der Text, dessen Titel sich den eines der Klassiker des filmischen Voyeurismus leiht, um direkt mit der Behauptung anzutreten, es handele sich um den besten Titel, den sich der Erzähler je ausgedacht habe, inszeniert in vier Teilen eine Beobachtungssituation. Da ist zum einen die des Erzählers, eines Drehbuchautors, der nach Kreuzberg gezogen ist, um eine Krimiserie zu schreiben. In seiner Wohnung sitzend beobachtet er auf der anderen Straßenseite ein Pendant zu seinem Fenster. Hinter diesem Fenster lebt die Lyrikerin Martha Gescheul, die der Erzähler bei ihren Schreibversuchen, vor allem aber -hemmungen beobachtet: »Manchmal schien es mir, als sei ihre schiere, potenzielle Beobachtbarkeit der einzige Inhalt ihres schriftstellerischen Tuns.«

Gerade die Tatenlosigkeit der Autorin bringt dann das Schreiben des Erzählers in Gang. Als Projektionsfläche für all das, was sich in der öden Wohnung gegenüber abspielen könnte, was dort zu finden sein könnte, Fantasien darüber, ihren Platz einzunehmen und zurückzuschauen, in die eigene Wohnung; die Erzählung schreibt sich wie von allein: »Wie ein junger Teen sprang ich die letzten, vollgekotzten Stufen durch das Treppenhaus hinab und trat mit der lässigsten Geste meines Lebens hinaus auf die Straße.« Es folgt eine kurze Herausgeberfiktion, in der die im Titel annoncierten Übersetzer des Textes etwas zu dessen fragmentarischer Form und zum Verschwinden seines Autors, des Erzählers von ~~*Das Fenster zum Hof*~~, mitteilen.

Das Spiel mit Beobachtungen zweiter Ordnung, Erzählinstanzen, Ironisierung von Genres und der Vermischung von Gattungen ist für die Arbeit von Mara Genschel, die derzeit literarisches Schreiben an der Kunsthochschule für Medien in Köln unterrichtet, konstitutiv und überschreitet auch in *Midlife-Prosa* die Medialität des Buchraums, in dem ihre Auseinandersetzung mit der Mitte des Lebens stattfindet. Im sechsten Abschnitt von *Sieben frei erzählte Lesungen für kleines Geld* führt ein QR-Code aus dem Buch hinaus in eine auf dem Streamingdienst Bandcamp zu hören-

15 Es lohnt sich, diese Lesung online anzuschauen – und auch die Jury-Diskussion, bei der es kaum zu einer Auseinandersetzung über das Thema des Textes oder seine sprachliche Form kam (bachmannpreis.orf.at/stories/3155791/).

de Performance des Textes, den nun mitzulesen oder lediglich anzuhören das Publikum selbst entscheiden muss, es gibt keine Anweisung dazu. Die Entscheidung über den perfomativen Charakter dieses (auch in anderen Werken der Gegenwartsliteratur, siehe zum Beispiel Maren Kames' *Halb Taube, halb Pfau*, angewendeten) Verfahrens wird zwischen der Autorin, die ihre Lesung ja schon längst beendet hat, wenn ihre Leserinnen zum Handy greifen, um den QR-Code zu scannen, und ihrem Publikum geteilt. Letzteres muss selbst entscheiden, in welcher Weise es in den Lese- und Interpretationsvorgang des Textes einsteigen möchte.

Genschels *Midlife-Prosa* ist um keinen Pennälerscherz verlegen, und wollte man das titelgebende Thema unbedingt in ihrem Werk dingfest machen, so könnte das über ein affirmatives Verhältnis zu Kalauern, Flachwitzen und Sprachspielen gelingen, die – wie beispielsweise in der Geschichte vom »anusköpfigen Johannes« – eventuell auch den Humor eines adoleszenten Publikums treffen könnten. Genschels Verwendung dieser Elemente ist dabei allerdings nicht mit einer adoleszenten Regression zu verwechseln, wie sie von den oben genannten Psychiatern Levinson oder Gould diagnostiziert wurde. Vielmehr stellt bei Genschel die ständige Durchkreuzung der Annahme, Ernsthaftigkeit sei vor allem durch Auslassung von Heiterkeit zu erreichen, eine grundsätzlich ironische Haltung dar.

Die Offenheit für Unentschiedenheit und Ambivalenz, die dadurch zum Ausdruck kommt, ist in dem Reigen aktueller Texte über die Mitte des Lebens (von Frauen und von Männern) einzigartig, und bei aller Mühe, die es machen mag, dem Haken schlagenden Text zu folgen, ist er eine hochwillkommene Lockerungsübung.

Die Wissenschaftshistorikerin Susanne Schmidt trifft im Schlussteil ihres Buches eher beiläufig die Feststellung, dass es in der Auseinandersetzung mit der Midlife Crisis letztlich um die Frage geht, »worauf es im Leben eines Menschen ankommt und wie man leben soll – oder kann«. Die Debatte, die ihrer Meinung nach darüber geführt werden sollte, beinhaltet glücklicherweise mittlerweile eine ganze Reihe von Zugängen zum Thema, die von der lustbetonten Ästhetik Julys über die Naturkunde der eigenen Biografie bei de Velasco bis hin zu den formbewussten Sprachspielen Genschels reichen. Vielleicht lässt sich so auch der Mangel an attraktiven Skripten und Vorbildern, der in de Velascos *Heiss* immer wieder beklagt wird, doch zu einem Vorteil ummünzen. Die Regale der Midlife-Literatur sind noch dünn besiedelt, die Klassiker des Genres können Verstärkung brauchen. Freiwillige vor, es gibt ohnehin kein Entkommen.

Warum Olivia, Taylor und Euphoria mega sind, und was das für die Literatur bedeutet

Von Ernst-Wilhelm Händler

Wer denkt, dass es in der Musik alles schon gegeben hat, erlebt wiederkehrend Überraschungen. Eine solche ist die Live-Version von *You're So Vain (You probably think this song is about you)*, geschrieben 1972 von Carly Simon, jetzt gesungen von Olivia Rodrigo. Über Jahrzehnte war die Originalversion Bestandteil des Pop-Kanons. Die Originalversion war laid-back, cool und kritisch, die verfügbaren Cover-Versionen brachten keine neuen Erkenntnisse. Dann kam Olivia. Olivia ist nicht cool und nicht laid-back. Olivia ist upbeat und herausfordernd angezogen: ein Mini-Kleidchen, schwarze Strümpfe, sichtbare Strapse, auf der Bühne ständig in Bewegung, dabei immer lachend! Ist sie unkritisch? Aber nicht doch. Sie vollzieht die nächste Stufe der Entwicklung: Sie amüsiert sich über den männlichen Gegenstand des Songs! Sie hat das Problem des männlichen Narzissmus für sich und ihre Zuhörerinnen überwunden, das Überwinden und die Überwindung sind fun!

Taylor Swift und Peter Sloterdijk verfügen gleichfalls über emanzipative Skills. Sloterdijk interpretiert Nietzsche chirpy für die Gegenwart. Sloterdijk hat einen isolierten Gedanken und schreibt ein Buch darüber. Taylor hat einen isolierten Einfall und schreibt einen Song, der diesen Einfall illustriert. Die Methoden sind verwandt. Der feine Unterschied: Sloterdijk bildet die menschliche Existenz mit Auslassungen ab. Taylor erfasst die Teenager- und die Young-Adult-Existenz komplett. Kein Gefühl, das ein Teenager haben könnte, wird zurückgelassen. Ihre bis jetzt elf Studio-Alben behandeln den Gefühlshaushalt von Teens und Young Adults erschöpfend.

Taylor macht belastbare Sätze: »Call the amateurs and || Cut'em from the team || Ditch the clowns, get the crown«, *The Alchemy*, ein Song über Liebes-, Ent- und Selbsttäuschungen (*The Tortured Poets Department*, 2024) Aber auch konstruktiv-dichterische Sätze: »The deflation of our dreaming || Leaving me bereft and reeling« (*How Did It End?*, ebd.).

Im Gegensatz zu Sloterdijk erklären Taylor und Olivia ihre Hervorbringungen. In der Bildenden Kunst der Gegenwart gehört die Erklärung des Kunstwerks zum Werk, daran haben sich mittlerweile alle gewöhnt. Was wären die Arbeiten von Mike Kelley, insbesondere seine Auseinandersetzung mit dem Gedächtnis, ohne seine Erläuterungen. Für Taylor, aber auch für Olivia gilt dasselbe: Ihre Erklärungen, wann und warum sie jeweils diesen Song komponiert haben, was sie damit meinen und was sie nicht meinen, gehören zu ihrem Werk.

Taylors und Olivias Musik ist an der Grenze zu sugarcoated. Aber eine nicht unbeträchtliche Anzahl von Kulturerzeugnissen, die sich an Junge richten, ist definitiv nicht sugarcoated. Die Serie *Euphoria* mit Zendaya, Sydney Sweeney, Jacob Elordi und dem nach Season zwei an einer Überdosis gestorbenen Angus Cloud über den Drogenkonsum von High School Kids ist nur schwer durchzuhalten. Das zentrale Problem des Drogenkonsums ist der Kontrollverlust. In gewisser Hinsicht werden der Zuschauer und die Zuschauerin in den dargestellten Kontrollverlust hineingezogen. Das soll nicht etwa heißen, dass die Serie zum Drogenkonsum anregt, das Gegenteil ist der Fall, so abstoßend werden die Folgen der Drogenabhängigkeit dargestellt. Man ist jedes Mal froh, wenn eine Folge zu Ende ist. Aber das Miterleben des Kontrollverlusts erschüttert die Armierungen des Ich, die man gerne für solider halten würde. Das Casting der Serie ist unfassbar gut.

Adolescence leuchtet lediglich den pubertierenden männlichen Totschlags-Täter und sein Umfeld aus, seine gequälte Seele und das Leid, das er über seine Familie gebracht hat. Das Leid des weiblichen Tatopfers, der ursprünglichen Mobbing-Täterin, und dasjenige ihrer Familie wird nicht einmal gestreift. *Euphoria* ist dagegen equilibrated, immer werden die Motivationen und Gefühlslagen von allen Beteiligten geschildert.

Der Verfasser dieses Essays beobachtet, dass ihn Olivia, Taylor und *Euphoria* künstlerisch in größerem Ausmaß faszinieren als weite Teile der Gegenwartsliteratur. Mit dieser Beobachtung geht einher ein Anflug von schlechtem Gewissen. Wird nicht möglicherweise Orientierung durch bloßes Entertainment ersetzt? Aber die populäre Kultur liefert durchaus auch eine Positionierung in der Welt. *Game of Thrones* mit Peter Dinklage, the imp, als die Vergangenheit, *Severance* mit Britt Lower – eine radikalere Darstellung von Entfremdung durch die kapitalistische Wirtschaftsordnung scheint nicht möglich – als die Gegenwart, *Silo* mit Rebecca Ferguson als die Zukunft – der Verfasser hält ein Artifact in Ehren, einen PEZ-duck dispenser aus dem Besitz von George Wilkins, hero to the *Silo* – braucht man da noch unbedingt Literatur? Wichtig: Während *GoT* und *Silo* auf Roman-Serien beruhen, gibt es für *Euphoria* und *Severance* keine literarischen Vorlagen.

All-American Bitch (Olivia), *Shake It Off* (Taylor), *Stuntin' Like My Daddy (Euphoria)*: Ist das Ageism? Dem Verdacht muss nachgegangen werden. Ein rein künstlerisches Argument für die Jugend: In der Jugend sind Gefühle besonders stark. Später werden sie durch die Gesellschaft zunehmend gezähmt, Entfremdung. *Severance*. Ein eternes erzählerisches Motiv ist: Kriegt sie ihn, kriegt er sie? In der Jugend kann das Motiv am besten herauspräpariert werden. Romeo und Julia waren nicht middle-aged. Die Jugend ist *auch* eine Experimentalsituation, ein Labor für Gefühle.

Keine Missverständnisse, großartige Romane schildern Gefühle von nicht mehr ganz jungen Menschen. Zuletzt etwa das Peri-Menopause-Buch *All Fours* (2024) von Miranda July, das vor – realistischer – Fantasie sprüht. Die klassischen Altmänner-Qualitätsbücher sind *Le tramway* (2001), Claude Simon im Krankenhaus, und *Stirrings Still* (1988) von Samuel Beckett, der Titel spricht für sich.

Zuletzt hier *Der Pole* (2023) von J. M. Coetzee: Ein älterer Pianist verliebt sich auf einer Tournee in eine jüngere Gastgeberin. Liebeskommunikation ist unmöglich. Das weibliche Objekt der Zuneigung kann sich nicht dazu entschließen, die Chopin-Interpretationen des Pianisten interessant zu finden. Nach dem Tod des Pianisten stößt das Objekt der Zuneigung auf Sonette, in denen der Pianist seine Liebe vollumfänglich ausdrückt.

In der Gegenwart irrlichtern die Literatur und ihre Rezeption zwischen sehr unterschiedlichen Attraktoren. Ein früher zentraler Attraktor ist keiner mehr: die Literaturgeschichte. Genauer: die Werke, die es in die festgehaltene Literaturgeschichte geschafft haben. Literatur war einmal in weit höherem Maße aus Literatur gemacht. Die Bezüge zwischen den verschiedenen Literaturerzeugnissen waren viel enger, das betraf Stoffe wie Formen. Natürlich war hier nicht die Nachahmung wichtig. Sondern die Bestrebung, dem Leser und der Leserin einen anderen Blickwinkel zu bieten als der Vorgänger mit seinem Roman, als die Vorgängerin mit ihrem Gedicht. Paradigmatisch der Nouveau Roman, der sich nach der Erschütterung durch die Weltkriege von jeder Form von literarischem Heldentum abwandte und der die Beschreibung von Gegenständen und Situationen, in denen sich die Protagonisten befinden, um der Beschreibung selbst willen neu etablierte. Der Attraktor Literaturgeschichte war expliziter Referenzpunkt für die Produktion von Literatur. Die Gegenwartsliteratur stürzt sich ohne Umweg über die Literaturgeschichte in die Erfassung der Zeit.

Es gibt auch nicht mehr den Attraktor Publikumsgeschmack. *Das* Publikum existiert nicht mehr. Johannes Mario Simmel, der sich von der Europabrücke stürzen wollte – damals wurde dort noch kein Bungee angeboten –, um auch als ernsthafter Autor anerkannt zu werden, wurde von Lesern und Leserinnen aller Alters- und Bildungsklassen konsumiert. In der Gegenwart lesen verschiedene Lesergruppen sehr verschiedene Bücher. Die Kommunikation über Bücher erfolgt in diesen Lesergruppen, ein Austausch zwischen den Lesergruppen findet nicht statt.

Die großen Autoren der Vergangenheit waren universale Attraktoren in eigenem Recht. Sie boten den Lesenden umfassende Ansichten der Welt unter einer jeweils einheitlichen Perspektive. Peter Handke ist noch gegenwärtig. Sein Werk ist ein Meilenstein der literarischen Kanalisierung von Gefühlen gegenüber archaischen Dingen und Lebewesen in deren Bannkreis. Zu sagen, diese Weltsichten waren immer mit einem bestimmten Stil verbunden, wäre eine maßlose Untertreibung. Es war der Stil, der die Auswahl traf, wer im Roman wie handelte, wer im Gedicht was empfand. Man las nicht nur, weil etwas gefiel. Etwa Ingeborg Bachmann und Günter Grass las man auch deswegen, weil man sie gelesen haben musste. In der Gegenwart muss man niemanden mehr gelesen haben. Wer sich allerdings einem bestimmten Genre widmet und in diesem als kundig gelten will, für den existieren noch Verpflichtungen: Ein Science-Fiction-Aficionado muss Liu Cixin kennen, ein Fan von Romance and Young Adult Fiction, der Colleen Hoover nicht kennt, ist keiner.

Die unerfreuliche Groß-Gruppe von Attraktoren für die Literatur sind politische und gesellschaftliche Aktualitäten. Kein journalistisches Leitthema, zu dem nicht sofort Romane geschrieben und beworben werden, die jedoch keinerlei Mehrwert gegenüber der bereits erfolgten Medien-Behandlung der Themen bieten. Ein Hurra auf die Lyrik, die hier Spaßbremse ist.

Die seriöseren Attraktoren für die Literatur haben mit persönlichen Befindlichkeiten auf der Produktions- wie auf der Rezeptionsseite zu tun. Es geht nicht mehr um Relationship mit der Welt, sondern um Situationship. Die emotionalen Gestimmtheiten der Produzenten und der Rezipienten konvergieren. Auf der Seite der Autoren und Autorinnen: Der eine, unbedingt wiedererkennbare Stil = die Grabinschrift = der Abdruck für die Ewigkeit ist uncool. Cool ist vielmehr situative Flexibilität. Man schreibt in erster Linie Bücher – ob das Geschriebene Literatur ist oder nicht, soll keine Rolle spielen. Natürlich gibt es weiterhin Urheber und Urheberinnen, die dezidiert Literatur hervorbringen wollen – nur haben sie keine Orientierungsfunktion mehr inne. Auf der Seite der Leser und Leserinnen ist das Bedürfnis nach Weltsichten ungebrochen. Aber die einheitliche Weltsicht für alle, der einheitliche Blick auf alles für jeden und jede, ist démodé.

Was kann die Literatur von Olivia, Taylor und *Euphoria* lernen? Zuvörderst: Man kann auch mit dem Mindset Situationship Kunst machen. Es muss nicht der umfassende Blick auf die Welt sein, der künstlerische Entscheidungen leitet. Des Weiteren: Man muss die Bandbreite von möglichen Gefühlsbezügen ernst nehmen. Alles, aber auch alles, was für die Fans emotional wichtig ist, kommt in den Songs, in den Bühnenshows, auf Instagram vor. Bei Olivia gerät sogar die Kosmetikreklame zu angewandter Kunst.

Ein Killer-Kriterium: Die vermittelten Gefühle müssen echt sein. Echtheit bedeutet einen singulären, nicht austauschbaren Bezug zum eigenen Erleben. Die Nichtaustauschbarkeit ist entscheidend: Niemand würde im Traum darauf kommen, Billie Eilish, FKA Twigs, Olivia Rodrigo, Taylor Swift, Charli XCX zu verwechseln. Oder zu sagen, das ist so ähnlich wie ... In Parenthese: Bei FKA Twigs stellt sich die Kategorienfrage: Ist das Pop oder Performancekunst? Die bildende und Performancekünstlerin Anne Imhof macht Musik auf dem Qualitätslevel der Genannten. Die Urheber und Urheberinnen, die gesellschaftliche und politische Aktualitäten als literarische Fiktion zweitverwerten, sind dagegen in hohem Maße austauschbar.

Wie kann sich Literatur in der Konkurrenz mit Olivia, Taylor und *Euphoria* behaupten? Was kann Literatur besonders gut? Früher führte man zuallererst den Blick nach innen an. Hamlet, Lieutenant Gustl et al. Die Innensicht ist kein Alleinstellungsmerkmal der Literatur mehr. Natürlich muss angemerkt werden, dass Musik seit jeher innerlich war: Musik hat auf vielerlei Weise Gefühle nach außen gekehrt. Die Protagonisten von *Euphoria* geben ständig ihr Inneres preis, die Bewohner der ewigen Nacht des Silos gleichermaßen. Die Zuschauer wollen keine seelenlosen Masken. Der nächste Pluspunkt für die Literatur war Erklärung, die Möglichkeit, die Dinge ins Verhältnis zu setzen. In Romanen kann man komplexe Sachverhalte erklären, das geht nicht oder nur bedingt in den visuellen Medien, die Stimme aus dem Off ist eine Notlösung. Dieser Vorsprung der Literatur existiert nach wie vor. Allerdings ist Erklärung keine Hauptaufgabe der Literatur.

Es bleibt eigentlich nur eine genuine Leistung der Literatur übrig: Das Besondere der Literatur ist die Verschränkung von emotionalen und kognitiven Inhalten mit einer höheren Anzahl von Freiheitsgraden als bei anderen erzählenden Formaten. Denn die Literatur unterliegt weit weniger gesellschaftlich und ökonomisch motivierten Zwängen als alle anderen erzählenden

Formate. »It's late at night, too late to run away from something whose nature I can't in any case discern. It's just a shape in the darkness, understanding or its opposite. I can't tell.« Rachel Cusk, *Aftermath*, 2012. Mehr braucht es nicht, um einen Text zu beginnen.

Man kann in der Literatur Gefühle immer wieder anders, mit anderen Metaphern ausdrücken. Die Literatur macht Ausdruckserlebnisse möglich, die andere Formate nicht bieten können. Aber dazu muss Bereitschaft bestehen. Leider geht die aktuelle Entwicklung in die genau entgegengesetzte Richtung. Das generische Erzählen ist der Tod der Metapher: Dinge, Menschen und Vorgänge werden auf derart allgemeine Weise beschrieben, dass der Leser und die Leserin null Aufwand treiben müssen, um sich in den jeweiligen Szenen zurechtzufinden. Einzelheiten erfordern kognitiven Aufwand sowohl auf der Produzenten- als auf der Rezipientenseite, der wird gezielt minimiert. Generisches Erzählen vermeidet primordial, Leser und Leserinnen zu fordern. Aus Martin Mosebachs Künstlerroman *Die Richtige* (2025): »Kastanienfarbenes, überfeines, dennoch schwer fallendes Haar, ein weißes Gesicht von marmorner Ebenmäßigkeit, den (sic!) berühmten Silberblick […].« Generische Erzählweise in prätentiöser und inkonsistenter Sprache ist keine Konkurrenz für Taylor. Wenn die Kritik einer Literatur, die aus Sätzen wie dem zitierten besteht, Sprachmacht zuschreibt, dann liegt katastrophisches Versagen vor.

Es gibt sie, die Gegenwartsbezogenheit in Verbindung mit der Echtheit von Gefühlen in der deutschsprachigen Literatur. Etwa bei Hengameh Yaghoobifarah. *Ministerium der Träume* (2021) ist ein niemals langweiliger, aber auch niemals die Maßstäbe literarischen Erzählens kompromittierender Roman mit Migrationshintergrund. *Schwindel* (2024) handelt davon, wie junge Erwachsene *wirklich* kommunizieren. Der fiktive Ich-Erzähler von Roman Ehrlichs *Videotime* (2024) erinnert sich daran, wie er seinerzeit welche Videos ausgeliehen hat. Doch diese vergangenheitsbezogenen Betrachtungen geschehen durch die Wahrnehmungs- und die intellektuellen Filter der Gegenwart. In Philipp Schönthalers *Der Weg aller Wellen* (2019) wird ein Angsttraum Wirklichkeit: Der Angestellte eines IT-Unternehmens findet sich ohne Angaben von Gründen von seiner Existenz dort abgeschnitten. Bei *Severance* denkt man an diesen Roman. Der Outie – die Persönlichkeit außerhalb der Firma – verzweifelt, weil er nicht mehr Innie – die Persönlichkeit innerhalb der Firma – sein darf. »Your outie prefers two scoops of ice cream in a serving, but they must be the same flavor.«

Die Zukunft der Literatur entscheidet sich mit der Beantwortung der Frage: Wird das Ausnutzen der Freiheitsgrade, die Literatur bei der Verschränkung von Emotionen mit Kognitionen bildet, wieder attraktiv? Das tatsächliche Ausnützen dieser Freiheitsgrade verschafft eine Befriedigung, die nur Literatur bieten kann. Literatur müsste diese Möglichkeiten realisieren. Literaturkritik, die ihren Namen verdienen will, sollte mit diesem Maßstab messen.

»And pull me near || And shine, shine, shine«, Taylor, *Fearless*. Literatur kann das.

»Verstrickt in das Netz der eigenen Linien«

Hedwig Thuns Roman über Engelbert Kämpfer

Von Christian Wiebe

1937 fand die erste große »Engelbert-Kämpfer-Ehrung« statt.[1] Die Stadt Lemgo feierte den Asienreisenden, Naturforscher, Arzt und Geografen, der hier 1651 geboren wurde. Der Aufwand war beträchtlich, das mediale Echo – jedenfalls in Westfalen und Lippe – gewaltig. Und die nationalsozialistische Propaganda fand reichlich Futter: »Fahnen, Grünschmuck und strahlende Sonne hießen am Sonnabend die Gäste der schönen alten Stadt willkommen. Vor dem Geburtshaus Engelbert Kämpfers in der Papenstraße marschierten in den ersten Vormittagsstunden Ehrenabordnungen der nationalsozialistischen Formationen mit Fahnen und Musik auf [...] Nach Erscheinen des Gauleiters nahm Kreispropagandaleiter Studiendirektor Betz (Detmold) das Wort zu einer kurzen Festansprache. Jedes Volk – führte er u.a. aus – müsse stolz sein auf seine Geschichte, auf seine Männer und ihre Taten.«[2]

Die Veranstaltung war von Beginn an unter der Ägide der NSDAP geplant und wurde als solche angekündigt.[3] Der Gauleiter Alfred Meyer schickte zum glanzvollen Abschluss der mehrtätigen Veranstaltung Telegramme an den Reichsleiter Alfred Rosenberg, den Reichsführer SS Heinrich Himmler und den »Führer«. Dieses Telegramm wurde zum Beispiel in der *Lippischen Staatszeitung* wiedergegeben – und die Verbindung der Kämpfer-Ehrung zur Ideologie der NSDAP könnte kaum deutlicher gemacht werden als mit einem »Ich glaube in Ihrem Sinne zu handeln« in diesem Telegramm.[4]

Die nationalsozialistische Vereinnahmung Engelbert Kämpfers in Lemgo ist längst umfangreich aufgearbeitet worden, am besten vielleicht mit Bezug auf das so genannte Hexenbürgermeisterhaus, das heute wieder zum Besuch einlädt. Anlässlich der »Ehrungen« wurde in dem Gebäude ein neues, vergrößertes Heimatmuseum eingerichtet, mitsamt einem Engelbert-Kämpfer-Zimmer.[5] Verständlich, dass man sich in Lemgo nach 1945 zunächst schwer tat mit Engelbert Kämpfer und seinem Gedenken.

Nun findet sich wieder ein Raum in dem Gebäude, der dem berühmten Sohn der Stadt gewidmet ist, nicht mehr im Erdgeschoss, wo 1937 zum allerersten Mal ein Arbeitszimmer für ihn entstand, sondern im ersten Stockwerk. Als ich für meine Recherchen dort die kleine Kämpfer-Aus-

1 In den Texten der 1930er Jahre, die hier überwiegend in den Blick kommen, wird i.d.R. »Kämpfer« geschrieben, nicht wie heute üblich »Kaempfer«. Der Einfachheit halber schreibe ich durchgehend »Kämpfer«.

2 *Engelbert Kämpfer. Die Gedenktage in Lemgo.* In: *Westfälische Zeitung* vom 14. Juni 1937.

3 *Ehrung für Engelbert Kämpfer.* In: *Lippische Tageszeitung* vom 24. November 1936.

4 *Die Ansprache des Gauleiters.* In: *Lippische Staatszeitung* vom 18. Juni 1937.

5 Jürgen Scheffler, *Die Erhaltung des Baudenkmals: Vom Wohnhaus zum Museum.* In: Holger Reimers/Jürgen Scheffler (Hrsg.), *Das Hexenbürgermeisterhaus Lemgo. Bürgerhaus – Baudenkmal – Museum.* Bielefeld: Verlag für Regionalgeschichte 2005.

stellung besuchte, war ich beeindruckt, vor allem von den gezeigten Japanischen Riesenkrabben. Das Wörtchen »Krabbe« führt auf eine falsche Spur, an Krabbenbrötchen ist hier nicht zu denken, »riesig« ist schon ganz richtig. Kämpfer brachte »ein Beinstück mit nach Europa«, wie ich auf der Tafel erfahre, die am Kasten, in dem sich die konservierten Tiere befinden, angebracht ist. Der wissenschaftliche Name der Riesenkrabbe erinnert an ihn: Macrocheira kaempferi.

Kämpfer ist nicht bloß in Lemgo präsent und im Namen einer Krabbe: Die Forschung der Frühen Neuzeit hat sich dem Asienreisenden längst zugewandt.[6] Ein Name fehlt allerdings in diesen Zusammenhängen, sowohl in den zeitgenössischen Berichten über die Kämpfer-Ehrungen als auch in der Forschung zu Kämpfer oder der Ausstellung in Lemgo: Hedwig Thun, Malerin und Schriftstellerin, die 1931/32 noch eine kurze Zeit bei Kandinsky, Klee und Albers am Bauhaus studiert hatte, deren Bilder in dieser Zeit in New York ausgestellt wurden, die nach dem Zweiten Weltkrieg als Malerin des Informel reüssierte, nachdem sie 1945 in ihre Geburtsstadt Detmold zurückgekehrt war, weshalb ein Hinweis im Heimatmuseum Lemgo – keine fünfzehn Kilometer entfernt – naheliegend wäre.

Thun veröffentlichte 1935 den Roman *Der Medicus Engelbert Kämpfer entdeckt das unterhimmlische Reich.*[7] Und damit beginnen die Verwicklungen. Der Roman, der unter dem Pseudonym H. S. Thielen publiziert wurde, erschien zuerst beim renommierten Verlag Paul List in Leipzig in mehreren Auflagen[8] und schon 1937 bei der Deutschen Buch-Gemeinschaft in Berlin: Das Buch hatte Erfolg. Doch als die nationalsozialistische Propaganda in dieser Zeit Kämpfer entdeckt, tritt es kaum noch in den Medien in Erscheinung. Bei Paul List wurden in den 1930er Jahren viele Romane und Darstellungen zu historischen Persönlichkeiten veröffentlicht, aber auch kritische oder subversive Texte, wie die Novellen von Stefan Andres. Trotzdem konnte der Verlag sogar während des Zweiten Weltkriegs weiterarbeiten. Bei Paul List unterzukommen, ist in den 1930ern zunächst keine politische Positionierung.

Zu Hedwig Thun hat die Forschung erst begonnen, Ann-Catherine Weise verfasst momentan die erste Dissertation über Thuns künstlerisches Werk, das nach deren Tod im Jahr 1969 aus der Öffentlichkeit verschwand. Eine Ausstellung im Kunstforum Hermann Stenner 2022 kann als Neustart der Auseinandersetzung gewertet werden. Die Bilder sind imposant, der dazugehörige Katalog, zu dem unter anderem Weise einen sehr lesenswerten Beitrag verfasst hat, fängt die Vielgestaltigkeit und

6 Vgl. z.B. die Ausführungen zu Kämpfer bei Peter J. Brenner, *Der Reisebericht in der deutschen Literatur: Ein Forschungsüberblick als Vorstudie zu einer Gattungsgeschichte*. Berlin: de Gruyter 2010.

7 H. S. Thielen, *Der Medicus Engelbert Kämpfer entdeckt das unterhimmlische Reich*. Leipzig: Paul List 1935. Unter gleichem Titel Berlin: Deutsche Buch-Gemeinschaft [1937]. Stichprobenartige Vergleiche konnten keine Änderungen feststellen. Auch die hochwertigen Abbildungen sind im Nachdruck der Deutschen Buch-Gemeinschaft erhalten geblieben.

8 Die letzte nach dem Krieg, 1953, immerhin das 14. Tausend. Vgl. das Verzeichnis aller seit 1919 erschienenen Werke. In: *LIST. 150 Jahre buchhändlerische Tradition. 70 Jahre Paul List Verlag*. München: Paul List 1964.

Farbigkeit großartig ein. Diese Ausstellung weckte mein Interesse an Thun, deren Namen ich vorher nie gehört hatte, und besonders an ihrem Roman, der von Christiane Heuwinkel in ihrer Einführung zum Katalog wie folgt eingeordnet wird: »Thun entzog sich der NS-Gegenwart, indem sie sich mit dem Arzt und Forschungsreisenden Engelbert Kaempfer (1651–1716) befasste.« Und Thuns Beschäftigung mit dem »weltoffenen Forscher« dürfe »wohl als deutlicher Kommentar zur faschistischen Gegenwart verstanden werden«.[9]

Diesen »Kommentar« genauer zu beleuchten könnte sich lohnen, denn der Fall ist ja bedenkenswert: ein deutscher Forscher, der für die NS-Propaganda entdeckt wird, und der Roman einer Künstlerin über diesen Forscher, die 1933 angesichts des nationalsozialistischen Regimes die Malerei (vorübergehend) aufgibt.[10] Leben, Literatur, Politik sind hier eng verwoben; das Politische wird so übermächtig, dass man jeden künstlerischen Ausdruck als Kommentar auf die Zeit verstehen möchte. Das ließe sich möglicherweise weiterdenken, denn woher schließlich mein Interesse, mich jetzt, 2025, mit Thun in den 1930ern zu befassen? Aus einer andauernden Beschäftigung mit Japan entstand das Interesse leider nicht.

Als ich mit der Lektüre von Thuns Roman begann, beschränkte sich mein Wissen über das frühneuzeitliche Japan im Wesentlichen auf die Fernsehserie *Shōgun*. Als Vorbereitung für den Roman ist die Serie allerdings nicht schlecht, denn beide Werke stellen zu Beginn den einzelnen Europäer ins Zentrum, den die Fremdheit des Landes teilweise überfordert und der zeitweilig in Gefangenschaft gerät. Und wie die Serie ist das Buch packend erzählt und zugleich genauso bemüht, ein authentisches historisches Japan zu zeigen. Der Roman zog mich also an, besonders mit Blick darauf, wie Thun hier ihre Gegenwart kommentiert.

Kämpfer erlebt in Thuns Roman ein Japan, das sich abgeschottet hat, es hat die Isolation von anderen Staaten gewählt. Die holländischen Händler, mit denen Kämpfer nach Japan kommt, leben auf der Insel Deshima (Dejima), die sie nur in Ausnahmefällen verlassen dürfen. Der Weg über die Brücke nach Nagasaki ist streng verboten. Doch Kämpfer ist von Wissensdurst getrieben. Er wählt einen hochgelegenen Standpunkt und beginnt den Ort, zu dem jeder Zugang verwehrt ist, zu zeichnen. Da steht kein Maler des Expressionismus, kein verfemter Künstler, nur wenige Jahre vor der großen Ausstellung der »Entarteten Kunst«, sondern ein Wissenschaftler der Frühen Neuzeit, aber die Analogie drängt sich dennoch auf: »Jetzt sollte seine heimliche Arbeit beginnen.«

Und sie beginnt: »Es ward ihm feierlich zu Sinn, als nun die Gestalten sich oben von ihrem Heiligtum betend verneigten und der Glanz der Morgensonne die blauen, roten und grünen Gewänder der Gläubigen schimmern und leuchten ließ. Dies festhalten können, dachte er und setzte mit

9 Christiane Heuwinkel, *Auf der Suche nach Hedwig Thun. Eine Einführung*. In: Christiane Heuwinkel / Christoph Wagner (Hrsg.), *Hedwig Thun. Vom Bauhaus zum Informel. Eine Wiederentdeckung*. München: Hirmer 2022.

10 Vgl. Ann-Catherine Weise, *Hedwig Thun: Vom Bauhaus zum Informel. Eine Wiederentdeckung*. In: Heuwinkel / Wagner (Hrsg.), *Hedwig Thun*. Zu dieser Pause, die sich Thun verordnet – oder zu der sie sich »gezwungen sieht«, sind die weiteren Forschungen Weises abzuwarten.

schnellen Strichen an, denn hinter ihm war es sonderlich laut geworden. Hätte er des Gelärms geachtet, so wäre er wohl mit heiler Haut davon gekommen. Nun aber erging es ihm wie jedem rechten Zeichner, der, verstrickt in das Netz der eigenen Linien, nur darauf aus ist, das Ganze einzufangen.«

Es deutet sich hier an, was geschehen wird. Kämpfer wird festgenommen. Wie ließe sich das nicht als Kommentar lesen? Das Regime, das den Maler arrestiert, seine Zeichnungen verbietet, keine Freiheit von Kunst oder Wissenschaft kennt.

Die Unfreiheit schildert Thun später im Roman noch anhand anderer Situationen. Die medizinischen Kenntnisse, die Kämpfer als Arzt der holländischen Handelsdelegation mitbringt, sind für die japanischen Heilkundigen interessant, aber sie dürfen sich nicht von Kämpfer unterrichten lassen. Die Sektion einer Leiche wird in aller Heimlichkeit vorbereitet, die Kämpfer dazu dienen soll, zwei japanischen Männern die Anatomie des menschlichen Körpers zu zeigen. Im Wissenstausch erhält Kämpfer dafür Unterricht in der Geschichte Japans.

Die Episode ist spannend und beklemmend erzählt: »Wieder zerging eine Stunde in quälendem Warten. Da stand der Doktor auf, um Scheren, Klammern und Skalpell nochmals zu prüfen und sich auch des Giftfläschchens zu versichern, das er bei sich trug, um ... Nicht daran denken! Wer durfte sich inmitten der Gefahr das volle Wagnis eingestehen? War er ein Abenteurer, der sein Leben achselzuckend als blecherne Münze hinwarf? Nein, er mußte bestehen, schon um der Schriften willen mußte er diese Nacht bestehen.« Erneut lässt sich das als Kommentar verstehen, als ein Arbeiten im Verborgenen, ein Austausch unter Eingeweihten, der nicht entdeckt werden darf. Die Tätigkeiten des kleinen Kreises sind nicht erwünscht. Und damit befinden wir uns gedanklich wieder im Deutschland der 1930er Jahre.

Je weiter ich mich in Thuns Text vertiefte, desto mehr wuchs zunächst meine Begeisterung: Ein so raffiniert verdeckt kritischer Roman, der seine Historie ernst zu nehmen sucht, aber durch die angesprochenen Themen, die Figuren, die Diskurse wie von selbst für die Gegenwart der 1930er Bedeutung gewinnt. Oder nicht? Zählt man Vieldeutigkeit oder gar eine provozierte Widersprüchlichkeit gerne als Qualitätskriterien anspruchsvoller Literatur auf, bereiten diese Merkmale in der Zeit des Nationalsozialismus eher Probleme. Ein Für und Wider dürfte es doch 1935 nicht mehr geben. Oder?

Im Text Thuns jedoch tritt eine Veränderung ein, es bricht etwas. Kämpfer, der über die meiste Zeit unter der restriktiven Politik leidet, erkennt spät im Roman Vorzüge in der Isolation Japans. Er sieht auch etwas Gutes darin. Unabhängig von der historischen Genauigkeit der Kämpfer-Darstellung wünschte ich bei meiner Lektüre, Thun hätte auf diese Sätze verzichtet: »[...] und er sah, was noch kein Europäer vor ihm gesehen: das Volk, das zur Nation geworden war. Er begriff, daß hier ein Reich aus dem religiösen Urgrund emporgewachsen war, ein Staat so voller Einheit und Kraft, wie er wohl einzig dastand in der Welt. Ein Staat, der Männer hervorbrachte, denen Kühnheit, Standhaftigkeit, Verachtung des Todes und Bereitschaft zum Opfer höchste Verpflichtung nach dem Gebot der Kami war.«

Und im Roman bezieht Kämpfer diese Idee der Nation – ausgerechnet – dann noch auf sein Vaterland, er vergleicht und kommt zu dem Schluss: »Ein einheitliches Staatsgebilde aber, wie es das unterhimmlische Reich [damit ist Japan gemeint] aufwies, war von jeher Traum der Besten seines Volkes gewesen, und so deuchte ihn das Inselreich ein erhabenes Beispiel.« Leicht ließ sich solchen Zitaten hinzusetzen: »Heute, im 20. Jahrhundert, ist dieser Traum und die Hoffnung in Erfüllung gegangen.«[11] Ein Rezensent des Romans bezieht damit die Idee, die im besprochenen Text entfaltet wird, auf das nationalsozialistische Deutschland. Ein Missverständnis? Naivität oder Kalkül Thuns, es dem nationalsozialistisch eingefärbten Rezensenten so leicht zu machen?

Die zitierte Rezension fällt im Übrigen begeistert aus, sie lobt Thema, Aufbau, Stil; der Autor – der Rezensent geht von einem Mann aus – sei ein »Berufener«, er versuche, als Rezensent dem Werk in seiner »ganzen Größe« gerecht zu werden. Mit der Begeisterung ist er nicht allein. Der Roman wurde, soweit ich sehe, sehr gut aufgenommen. Thielens, also Thuns »glanzvolle Darstellung« wird zum Beispiel im *Lüdenscheider General-Anzeiger* gelobt[12] und noch mehr Überschwang im *Central-Volksblatt für das gesamte Sauerland*: »Wie ein gewaltiger Strom rauscht das Leben Japans und das abenteuerliche Erleben des Forschers an uns vorüber, eingefangen von der großen sprachlichen Kraft des Erzählers, die uns sein Buch zu einem tiefen inneren Erlebnis macht.«[13] Es bleibt nicht beim Roman, er wird Grundlage eines Radiobeitrags, den der Deutschlandsender ausstrahlt. Der Titel: *Engelbert Kämpfer, ein deutscher Kolumbus*.[14]

Es ist auffällig, dass Thuns Roman dann anscheinend überhaupt keine Rolle mehr spielt, wenn die Kämpfer-Ehrungen beginnen. Eine Erklärung dafür liegt darin, dass sie nicht allein als Kämpfer-Vermittlerin auftritt und auch nicht die erste ist. Karl Meier-Lemgo, dem Namen nach und auch tatsächlich mit Lemgo verbunden, hatte bereits Auszüge aus dessen Schriften publiziert, und er veröffentlicht pünktlich 1937 die erste deutsche Biografie zu Kämpfer. Inwieweit Thun durch Meier-Lemgos erste Schrift auf Kämpfer aufmerksam geworden war, ist schwer zu sagen. Im Anhang ihres Romans gibt sie eine einseitige »kurze Lebensgeschichte« Kämpfers nach Meyer-Lemgo wieder, aber sie dankt ihm nicht in ihrer Nachbemerkung, sondern dem Leiter des Japaninstituts, einer englischen Schriftstellerin, die im Britischen Museum für Thun recherchiert hatte, und einer Bibliothekarin aus Detmold.

Kein Dankeswort an Meier-Lemgo. Der wiederum ist überall präsent, sobald die Kämpfer-Ehrungen Fahrt aufnehmen, die Nähe zur NSDAP scheute er nicht. Und er spendet Thun bei der Gelegenheit, als er Kämpfers Leben in der Zeitung darstellt, ein vergiftetes Lob: »Um Kämpfers

11 Rezension *H. S. Thielen: Das unterhimmlische Reich. Die Welt der Fahrten und Abenteuer*. In: *Lippische Tageszeitung* vom 5. Mai 1936.

12 *Fahrten und Abenteuer*. Rezension in: *Lüdenscheider General-Anzeiger* vom 8. April 1936.

13 *Reisen und Abenteuer*. Rezension in: *Central-Volksblatt für das gesamte Sauerland* vom 7. Dezember 1935.

14 Der Beitrag liegt mir nicht vor, aber die Zeitungen sind voller Hinweise auf die Sendung, z. B. *Engelbert Kämpfer im Rundfunk*. In: *Lippische Staatszeitung* vom 14. November 1936.

zwei Japanjahre hat jüngst Frau H. S. Thielen einen phantasievollen Roman gesponnen.«[15] Der »phantasievolle« Roman, so ist das wohl zu verstehen, ist nicht mehr viel Wert, wenn der Biograf ernst macht.

Aber sicher hätte Thun eine derartige Nähe zur und Vereinnahmung durch die NSDAP, wie Meier-Lemgo sie goutierte, nicht gern erlebt. Sie befand sich im Austausch mit Personen wie Gertrud Bäumer, einer Frauenrechtlerin, und Johannes Molzahn, dessen Kunst als »entartet« galt und der in die USA emigrieren musste.[16] Mit Meier-Lemgo und den Kämpfer-Ehrungen allerdings rückt alles, was im Roman als subversiv verstanden werden könnte, und schließlich der ganze Roman aus dem Blickfeld, weil die Rezeption Kämpfers auf Linie gebracht worden ist.

Das Problem, wie der Roman denn nun seine Gegenwart kommentiert, bleibt damit jedoch bestehen. Man wüsste zu gerne, wie sich das Subversive mit den nationalistischen Tönen im Roman vertragen soll. An der Stelle liegt wohl ein Missverständnis vor: Der Roman lässt sich auf die Gegenwart der Künstlerin beziehen – und es steht uns frei, wiederum Bezüge zu unserer Gegenwart herzustellen –, aber die Gleichung geht nicht so einfach auf: Kämpfer als unterdrückter, aber weltoffener Reisender und Japan als unterdrückender Staat, das heißt als verschlüsseltes Deutschland. Wenn Kämpfer sich für Japan interessiert, interessiert sich auch Thun für Japan.

15 Karl Meier-Lemgo, *Engelbert Kämpfer (1651–1716)*. In: *Lippische Post* vom 14. November 1936.

16 Vgl. Christoph Wagner, *»Eine Pfütze – welch ein Kunstwerk kann sie sein«. Hedwig Thun – »Malerinnen-Amazone« und Künstlerin des Informel*. In: Heuwinkel / Wagner (Hrsg.), *Hedwig Thun*.

Es ist dann nicht so sehr die Begeisterung für die Nation, die den Rezensenten der *Lippischen Tageszeitung* erfreute, mich bestürzte, sondern dahinter liegt der Gedanke eines umfassenden Ahnenkults, also das »unterhimmlische Reich«, das Kämpfer bei Thun und Thun selbst elektrisierte: Die Geister der Verstorbenen bedürfen der Lebenden, und die Lebenden sind den verstorbenen Ahnen verpflichtet. Der Gedanke des Ahnenkults ist noch nicht präzise, denn es ist die Präsenz, die Praxis dieses Kults. Thun: »dieser Mythos war Wirklichkeit geworden«. Die religiösen Praktiken, die im Roman verwoben sind, bilden ein Muster. Schon früher hat Thun die Geister der Ahnen in die Gegenwart geholt. Sie publizierte während des Ersten Weltkriegs einige Gedichte in regionalen Zeitungen, noch unter ihrem Geburtsnamen Schelp. Eines dieser Gedichte lässt die verstorbenen Geister auftreten:

Deutschlands Urkraft
Wenn das Schicksal eines Volkes
zur Entscheidung drängt,
wenn an bangen, schweren Stunden
einer Menschheit
Wohl und Wehe hängt,
entsteigen den Tiefen
völkischen Lebens
die Geister der Ahnen
zu rettender Tat.
Zermalmend treffen sie Verräter,
verächtlich spei'n sie vor dem Feigen,
drohend steh'n sie vor dem
Wankenden,
segnend sind sie mit dem Stürmenden.
Sie neigen sich gütig sterbenden
Kriegern,
umwinden mit Lorbeer
die bleiche Stirn.

Trocknen tröstend die Tränen der
Trauer,
wandeln Schmerzen in stolzes Weh,
rufen verwöhnte Hände zur Arbeit,
halten Verwüstung der Heimat fern.
Wecken die tausendfältigen Kräfte,
die des Reiches Bürgen,
die des Feindes
Staunen sind,
die zum Widerstand entflammen
Kinder noch
und Kindeskind...

Das Gedicht erscheint am 22. September 1918 recht prominent auf der zweiten Seite der *Lippischen Landes-Zeitung*, also nicht einmal zwei Monate vor der Unterzeichnung des Waffenstillstands und der Niederlage Deutschlands. Die Septemberausgabe der Zeitung ruft noch zum Durchhalten und Kämpfen auf: »Ernst und schwer ist die Zeit, aber weiterkämpfen und wirken müssen wir mit allen Kräften bis zum ehrenvollen Ende.« Das Pathos des Gedichts, das Völkische, das Unzweifelhafte, all das fügt sich gut in den Ton dieser Kriegszeit, aber macht die Lage erneut schwierig, sobald man wieder an die 1930er Jahre denkt. Die titelgebende »Urkraft« sollte doch besser nicht wiedererweckt werden.

Die Geister der Ahnen, die offenbar der Kriegspropaganda aufgesessen sind, zeigen ein Interesse Thuns an, das sich in der Zeit des Nationalsozialismus nicht auf deutsche Kulte richten wird, sondern auf die religiöse Praxis eines fernen Landes in der Frühen Neuzeit. Der frühneuzeitliche Wissenschaftler, der unter den rigiden Gesetzen leidet und doch den Ahnenkult respektieren, ja bewundern lernt, steht für dieses Interesse Thuns.

Es bleibt kompliziert, und wenn am Ende des Romans auf Kämpfers Stirn die »Klarheit leuchtet« ist das vielleicht die Klarheit des Wissenschaftlers, der nun Japan wieder verlassen und sein Werk voranbringen wird, aber es ist nicht die Klarheit, die beide Welten für sich selbst vermitteln könnten, und schon gar nicht die Klarheit eines Kommentars. Das Buch bleibt »verstrickt in das Netz der eigenen Linien«.

Der Aufbruch dagegen war eindeutig. Kämpfer macht sich in Thuns Schilderung auf den Weg, damit »die Finsternis der Unwissenheit sich mindere«, die er bei den Hexenprozessen in seiner Heimatstadt am Werke sah. Gut zu wissen, warum man begann. Verstrickungen sind in der Folge zu erwarten.

Sprachverlust und Migration

Von Trung Hoàng Lê

Ich habe meine Muttersprache fast verloren, bevor ich alt genug war zu begreifen, dass man eine Sprache verlieren kann. Ich habe ihr nicht beim Weggehen zugesehen. Sie ist einfach irgendwann nicht mehr erschienen. Manche Worte kleben noch irgendwo zwischen Zunge und Gaumen, andere liegen auf dem Grund eines dunklen Brunnens, über den ich mich manchmal beuge. Manchmal glaube ich, ein Echo zu hören, aber vielleicht ist es auch mein eigenes melancholisches Wimmern.

Ich versuche, meinen Kindern Vietnamesisch beizubringen. Es kostet mich nicht selten Anstrengung und Überwindung, ganz besonders wenn ich vorlesend übersetze. Wörter, die nicht da sind, Sätze, die abbrechen wie morsches Holz. Die unauffindbaren Worte sind wie leere Wegmarken, die geradewegs in ein stummes Reich führen, in dem Verlust und Ohnmacht regieren. In diesem Reich bin ich unfähig und unvollständig – als Viet, als mündiges Subjekt, bin ich ein Vater, der seine eigene Sprache nicht beherrscht. Für jemanden, der so auf Worte angewiesen ist wie ich als Psychologe und Philosoph, ist es eine Beinahekatastrophe, die Dinge nur annähernd präzise – und manchmal ziemlich falsch und sehr ungenau – ausdrücken zu können.

Aber wie konnte es so weit kommen? Woher kommt das Unbehagen, die eigene Sprache zu sprechen? Und natürlich, weil ich Vater bin, die Frage, was die Ohnmacht, die angestrengte Frustration und das Verlustgefühl mit meinen Kindern machen? Können sie so überhaupt lernen, meine Sprache sprechen zu wollen, sich in ihr wohlfühlen?

Die Not des Lebens

Meine Eltern wollten immer, dass mein jüngerer Bruder und ich nicht unseren Bezug zur »Heimat« verlieren. Auch mein Bruder, der vier Jahre jung war, als er in die DDR kam, hat die vietnamesische Sprache fast gänzlich verloren – und sich wieder angeeignet, als junger Mann, in seiner damaligen Tätigkeit als Fotojournalist, die ihn die »Heimat« bereisen ließ. Wie er spreche ich Vietnamesisch mit deutschem Akzent.

Eigentlich ist es eine Ungeheuerlichkeit, als Viet seine Sprache zu verlieren, wenn man die Jahrhunderte von Unabhängigkeitskämpfen gegen die Kolonisatoren wie die USA, Frankreich, Japan, Portugal oder China bedenkt. Ganz sicher hatten unsere Eltern den starken Wunsch, dass wir den Bezug zur Heimat auch sprachlich halten.

Unsere Eltern sprachen jedoch deutsch mit uns, damit wir erfolgreich werden, in der Schule, für das Abitur und im Studium, das uns weit weg katapultieren sollte vom asiatischen Hunger und migrantischer Geldnot. Der Wert einer Sprache bemisst sich, so lernte ich, auch an ihrer Macht, Bildungsabschlüsse und ökonomischen Erfolg zu produzieren. Das Deutsche und das Englische waren und sind – und das überall auf der Welt – in der Sprachwährung um ein Vielfaches wertvoller als das Vietnamesische.

Ich war neun und mein Bruder sechs, als die Mauer fiel. Unser Vater ging zurück nach Vietnam, um seine politische Karriere fortzuführen. Unsere Mutter, studierte Textilingenieurin und Übersetzerin, wusch Teller. Unser Vater entschied sich dann doch für die Familie und gegen die Karriere und kam 1992 zurück in die Bundesrepublik – als Asylant, nach Hoyerswerda. Unsere Mutter machte den Führerschein, wir fuhren so oft es ging zu meinem Vater. Er, studierter Bauingenieur und Dolmetscher, durfte irgendwann wieder arbeiten und wusch Teller. Die Sehnsucht nach Heimat ist stark und vor allem auch, dass sie unversehrt bleibe, in einem selbst und für die nachfolgenden Generationen. Doch die Geschichten von der Heimat und von den Menschen dort, die uns, meinen Bruder und mich, hätte mit ihnen verbinden können, blieben begraben unter der Menge von Erniedrigung und Schmerz und nicht endenden Widerständen im kapitalistischen Neuland.

Ich sah, wie meine Eltern Geld in die Heimat schickten, denn es waren viele andere Mäuler neben unseren zu stopfen. Als Tellerwäscherin in Deutschland verdiente man eben noch immer mehr als die Lehrerin oder der Reisbauer, besonders in den achtziger und neunziger Jahren des letzten Jahrhunderts. Doch egal, wie viel sie auch sendeten, es war nie genug. Der Druck, der auf ihnen lastete, nahm mit der Zeit ebenso wenig ab wie das schlechte Gewissen, die alternden Eltern allein zu lassen. Es war nie genug da, um sich am Abendbrottisch entspannt auf den nächsten Urlaub zu freuen. Wir machten keinen Urlaub. Wir sparten für Vietnam, für Hanoi, für Geschenke und um Erwartungen gerecht zu werden. Es war nicht genug Zeit für Geschichten, jedenfalls nicht für die Geschichten, die nicht die Lebensnot oder die Familienpflicht oder das nackte Geld betrafen. Letzteres erzählt von sich aus keine Geschichten, dafür beschämt es und lässt einen unsichtbar werden, wenn man zu wenig davon hat.

Und ja, aus der gelebten Not, der Scham und der erdrückenden Familienpflicht lassen sich gute Geschichten stricken, haben unzählige Erzähler schon Geschichten gestrickt. Aber um zu erzählen, müssen wir anhalten, einen Moment lang, und etwas länger Atem holen, in einen Atemfluss kommen – rückschauen. Wir aber mussten überleben, erwarteten von der Zukunft unmenschliche Herausforderungen, schauten misstrauisch nach vorn – waren dem Moment immer voraus, haben nicht zurückgeblickt.

Ich kenne aus meiner Arbeit Studien, die zeigen, dass gemeinsame Erzählungen in Familien nicht nur Erinnerungen ordnen, sondern auch emotionale Bindungen über Generationen und Entfernungen hinweg stabilisieren. So kommen zum Beispiel Natalie Merrill und Robyn Fivush zu dem Schluss, dass das Teilen familiärer Geschichten die autobiografische Erinnerung und die emotionale Resilienz von Kindern maßgeblich stärkt – besonders in kulturell vielfältigen und transnationalen Familienkonstellationen.[1] Die Resilienz, also die Biegsamkeit des Kinderkörpers, hat vielleicht etwas mit der Verfügbarkeit von Er-

1 Natalie Merrill / Robyn Fivush, *Intergenerational narratives and identity across development*. In: *Developmental Review*, Nr. 40, 2016.

zählzeit zu tun, die man sich als Eltern leisten können muss.

Unsere Familie hatte kaum Zeit, um Luft zu holen, um entspannt zu atmen und zu sitzen und aus der Not des Lebens gute Geschichten zu stricken, die uns mit unserer Sprache und den Menschen, die sie sprechen, in Verbindung hätten halten können. Je mehr aber die Familiengeschichten verstummten, desto poröser wurde unser Sprechen.

Unbehagen

Wenn ich zurückblicke auf meine Sprachbiografie, dann habe ich aber nicht nur die Muttersprache verloren, ich habe auch einige dazugewonnen.

Nach meinem Erasmusjahr in Paris kehrte ich nicht nach Berlin zurück. Ich lernte richtig Französisch, so gut, dass die Pariser nicht wussten, ob ich einen Banlieue-Akzent pflegte oder einen exotischen Migrationshintergrund mitbrachte. Jedenfalls war ich akustisch weder als Viet noch als Germane erkennbar und machte meine Abschlüsse in Frankreich.

Ich liebte *la langue française*, lernte sie zuerst in der Küche des Studierendenwohnheims, vorwiegend mit weintrinkenden Libanesen, dann etwas ernsthafter in den altehrwürdigen Gemäuern Pariser Universitäten und nicht zuletzt bei Kundera und Kristeva, dem französischen Kino und den Parisern, die wohl ein Faible für die Nachkommen ihrer ehemaligen Kolonie haben. Dass ich eigentlich Ostdeutscher war, also doppelt kolonisiert, machte die Sache dann nur noch viel spannender. Ich liebte also Paris, seine selbstverständliche Extravaganz und seine Bewohner, von denen manche mich zurückliebten und mir ihre lustigen und tragischen Geschichten schenkten.

Auch heute noch lese und spreche ich *la langue* ohne spürbare Anstrengung, bin ihr verbunden wie einer Kindheitsfreundin, die ich zu verschiedenen Lebensabschnitten mal mehr, mal weniger zufällig treffe, aber immer wieder gern und mit Freude, in gemeinsamen Erinnerungen schwelgend.

Mit der vietnamesischen Sprache geht es mir nicht so. Manchmal, wenn ich meinem Sohn vorlese und Simultandolmetscher spiele, bin ich so entmutigt, weil das Gehirn mit seinen so zahlreichen Windungen keinen Ausweg findet, keine Umschreibung produziert und mich in der Sackgasse stehen lässt vor einer steinernen Wand, auf der irgendjemand grundlos eine angeschnittene Zunge verewigt hat.

Und mein Sohn? Er muss mein Unbehagen spüren, das stotternde Hirn, das sich selbst fertig macht. Er muss sich fragen, wer dieser Mann ist, der so sehr möchte und doch so wenig kann. Er wendet sich ab, fordert die Geschichte auf Deutsch ein. Wir kämpfen, ich fordere wieder einmal die Einhaltung der gemeinsam getroffenen Vereinbarung ein; im nächsten Moment tut es mir leid, dass dieser Fünfjährige so vernünftig ist und tatsächlich nachgibt.

Ich habe noch nicht versucht, ihm mein Unbehagen zu erklären, wohl auch, weil ich gerade noch und eigentlich schon seit langem versuche, die Scham, die eigene Muttersprache verloren zu haben, zu überwinden und das anzunehmen, was ist.

Jenseits der Scham

Tatsächlich spreche ich meine Muttersprache schlechter als *la langue* oder die deutsche Sprache. Der Wortschatz und sowieso die Grammatik reichen nicht hin, um auch nur die Oberstufe zu erklimmen. In meiner Muttersprache ist die Zunge plump, weitaus weniger wendig als im Französischen oder Englischen, meine kognitiven Kompetenzen deutlich eingeschränkter als im Deutschen.

Die Sprache oder *la langue* hat im Vietnamesischen das Pendant *tiếng*. Muttersprache heißt *tiếng mẹ đẻ*, die Stimme der Mutter, die mich gebar. Ich, das so geborene Kind, werde Teil der Familie, Teil der Gemeinschaft – als gestimmter Körper inmitten von Stimmkörpern. Ich erinnere mich nicht an diese ersten Momente, habe keine Bilder davon, natürlich nicht; doch als mein Vater meinem Jüngsten ein Wiegenlied in seinem Provinzdialekt summt und, bald wieder, als meine Mutter, das Kind in den Armbeugen, Lieder von lauten Enten und gutmütigen Büffeln singt, fühle ich etwas, das ich kenne, wiedererkenne, wie eine bekannte, verlorenengegangene Melodie, ein warmer Singsang, der meinen Körper sanft umhüllt. *Tiếng Việt, tiếng mẹ đẻ*, die Stimme der Frau, die mich geboren hat *(đẻ)*, kann ich intellektuell kaum verstehen, im judeo-christlich-hellenistischen Kulturraum (Levinas) kaum verarbeiten – und doch, sie ist Anfang und undenkbarer Fixpunkt meines Begehrens, zugleich größte Scham und intimste Geborgenheit.

Die Muttersprache kann ich nicht verlieren, sie ist dieses Wiegenlied, dessen Melodie ich immer wieder erkennen werde, die meinen Körper in einer Weise anspricht, die ihm ganz eigen – und letztendlich unübersetzbar – ist.

Die Geburt meiner Kinder hat mich verändert und mich gleichzeitig der Bedingungen gewahr werden lassen, die mein Migra-Sein so sehr prägten: der Beinahe-Sprachverlust, die Not und das Geld, der resonanzfähige eigene Körper. All diese Aspekte des Seins haben ein hohes Potenzial, zu beschämen, haben mich in der Vergangenheit oft genug beschämt.

Die Viet lachten mal leise, mal höhnischer über meinen deutschen Akzent; über den erwachsenen Mann, der wie ein Kind spricht, das Stottern meines kleinen Bruders, meine eigenen Wortfindungsagonien. Die deutschen Mitschüler lachten über den Namen und die Augenform, machten Witze über Schlimmeres, die Nazis von nebenan bedrohten meine körperliche Unversehrtheit, und die Armut verbot sich zu zeigen. Diese Grausamkeiten, die ich hier auch erzählen muss und will, passen in kein gelungenes Skript liberaler Erfolgsgeschichten. Vielmehr sind sie, so glaube ich, der unverschämte Versuch, die von der Mehrheit verleugnete und miterzeugte Scham in den Vordergrund zu rücken.

Meiner eigenen Scham aber will ich meine Sprachbiografie nicht überlassen, und schon gar nicht will ich, dass meine Kinder sie unvermittelt weitertragen. Ich entkomme der Scham nicht, und doch will ich ihr nicht den Gefallen tun, mich klein und erniedrigt zurückzuziehen. Ich gestehe ihr hier den Raum zu, sich auszutoben. So viel Raum kann ich ihr zugestehen, denn sie ist der Schatten meines Körpers, ambiger Protagonist in der Geschichte unserer Familie.

Und was also sagen, wenn der Sohn sagt, dass er keine Geschichten auf Vietnamesisch hören will?

Dass ich ihn verstehen kann. Dass es mir nicht selten auch so geht und dass es für mich manchmal richtig anstrengend ist, weil die Worte vor mir weglaufen und nicht so schnell zurückkommen wollen. Und dann sage ich ihm, dass ich ihm so viele Worte wie möglich wiederfinden und ihm schenken werde. Denn wenn er *xin chào* sagt und es für die Mama ins Deutsche übersetzt, dann wird mir ganz warm ums Herz, und ich habe die Gewissheit, dass alle Mühe sich lohnt.

Dede Issues

Von Ozan Zakariya Keskinkılıç

Gestern Nacht habe ich von Dede geträumt. Er ist aus seinem Grab wiederauferstanden, er hat sich die feuchte Erde vom Sakko abgeklopft und kämmte sich blassschuppige Würmer und Larven aus den grauen Haaren. Ich stand in einem Nebel aus tütsü, aus Weihrauch, zart und würzig. Die Hände hielt ich noch immer zum Gebet.

Was starrst du mich so an, eşek sıpası?, hat Dede gefragt. Küss meine Hand. Er streckte sie mir entgegen, ich legte die Lippen auf seinen Handrücken, ein wenig Sand verfing sich in meinem Mund. Ich hob Dedes Finger an meine Stirn. Hoşgeldin, Dede, sagte ich und brachte ihm ein Glas Wasser. Er muss sicher durstig gewesen sein, nach so vielen Jahren unter der Erde. So viel Regen war in der Zwischenzeit auf mein Kopfhaar getropft.

Ich habe ein Geschenk für dich, sagte er.

Ein Geschenk? Wofür, was ist es?

Dede schwieg und starrte mir lange ins Gesicht und ich in seines. Buschige Augenbrauen, tiefe Falten in der Haut. Der Mund eine schmale, feine Linie. Kräftige Wangenknochen und schwarze, bademförmige Augen. Er sah aus, als hätte er seinen Friseursalon nie verlassen. Immer trug er maßgeschneiderte Anzüge, Hemd und Krawatte. In der linken Hand ein Kamm, in der rechten eine Schere. Dede war Friseur. Er schnitt alten Männern die Sorgen aus dem Bart und mir die Angst, die aus der Kopfhaut wuchs wie Trauerweiden.

Dede, die Haare wachsen mir bis nach Adana.

Dede nickte, er begann, seine Hände wellengleich in der trockenen Sommerluft zu bewegen wie einen Fächer, der mir eine sanfte Brise ins Gesicht wehte. Er setzte sich unter einen Granatapfelbaum und sang *El Bent El Shalabeya*. Es war Nenes Lieblingslied, auch sie ist wunderschön, ihre Augen sind mandelförmig, 'uyunha lawziyyah, und er liebte sie. Er sang, ich liebe dich von ganzem Herzen, bahibbik min 'albi. Er sang, ya 'albi enti 'aynayya, du bist mein Augenlicht.

Und weil Nenes Baba aus Beirut kam, sang er, min qalbi salamun li beirut, er küsste das Meer und die Häuser, wa qubalun lil-bahr wa-l-buyut.

Ich hatte seine Stimme vermisst.

Dede, ich habe deine Stimme vermisst.

Ich wünschte, ich könnte mitsingen und die Zeilen verstehen.

Dede, ich wünschte, ich könnte mitsingen und die Zeilen verstehen.

Yabni, ich weiß, sagte er. Er richtete sich auf, pflückte einen Granatapfel vom Ast und begann ihn zu schälen. Dein ganzes Gejammer dreitausend Kilometer entfernt lässt mich nicht ruhen unter der Erde.

Das hatte ich nicht erwartet. Enşölligensi, antwortete ich und wurde rot wie die saftige Frucht, die er sich in den Mund warf.

Deshalb bin ich gekommen, sagte er, um dir etwas zu geben, damit du mich endlich, endlich schlafen lässt.

Dede griff in die Hosentasche und zog seine Schere heraus. Er wollte damals mit ihr begraben werden. Ich dachte, jetzt würde ich das gute Stück bekommen, damit ich mir die Haare schneiden könnte, so wie er es früher getan hatte, damit ich keine Angst mehr verspürte.

Astaghfirullah, sagte ich. Für die Schere hättest du doch nicht extra auferstehen müssen.

Dede grinste mich an, er schüttelte den Kopf und streckte die Zunge heraus. Kaum hatte ich nach der Schere gegriffen, schnitt er sich im nächsten Moment schon die Zunge ab, er legte sie auf meine Handfläche und sich zurück in das Erdloch, aus dem er gesprungen war.

Ich wachte schreiend auf, mit dem Geschmack von Blut im Mund.

Zunge heißt auf Türkisch dil, es ist das gleiche Wort wie für Sprache. Das ist mir erst spät bewusst geworden. In der Schule staunten alle, als Frau Meier das Wort Muttersprache übersetzte in mother tongue, in langue maternelle, in lengua materna. Wie poetisch, sagte Max. Malerisch, sagte Lea. Irgendwie blumig, sagte Tim. Im Türkischen sagen wir auch Mutterzunge, habe ich durch das muffige Klassenzimmer gerufen und war wütend. Das Türkische fand niemand poetisch, malerisch und blumig. Max konnte sagen, siktir lan, wenn sich jemand verpissen sollte. Lea nannte Cemile immer Börek und Lahmacun und Döner, wenn sie sie ärgern wollte. Und Tim brüllte auf dem Spielfeld nach dem Ball, hadi oğlum, hadi.

Aber ana dili, Mutterzunge, konnte niemand sagen.

Lea konnte sagen, Arthur est un perroquet. Et boum, c'est le choc. Tim konnte sagen, excuse me, how can I get to the post office? Max konnte sagen, una cerveza, por favor, aber bei Ali Usta konnte er den Ayran nicht auf Türkisch bestellen. Lea lernte im Sommer das erste Mal eine Französin kennen, eine Austauschschülerin aus Paris, sie hat sie nie Baguette, Fromage oder Crêpe genannt. Den Film *Le fabuleux destin d'Amélie Poulain* konnte sie von der ersten bis zur letzten Sekunde auswendig. Sie hat sogar Klavier gelernt, nur um die Filmmusik von Yann Tiersen nachzuspielen. Aber Yüksel Özkasap, die Nachtigall von Köln, kannte sie nicht. Das Lied *Almanya'ya Mecbur Ettin* konnte sie nicht auswendig. Yoksulluk beni beni konnte sie nicht sagen, fakirlik beni beni verstand sie nicht. Tim konnte Shakespeares *Macbeth* zitieren, fair is foul, and foul is fair. Aber Aras Ören hat er nie gelesen, dabei hat Ali Usta dessen Gedichtverse aus der Naunynstraße im Imbiss-Laden sogar an die Wand geschrieben. Der Thymianduft hat hier schon einige Schnurrbärte aufgewirbelt.

Baba sagt immer, bir lisan, bir insan. İki lisan, iki insan. Eine Sprache, ein Mensch. Zwei Sprachen, zwei Menschen. Das bedeutet, je mehr Sprachen du sprichst, desto größer ist deine Welt, desto mehr bist du.

Aber nicht alle Menschen sind gleich, auch wenn sie es immer behaupten. Und nicht jeder altert mit der Sprache auf dieselbe Weise.

Im Türkischen fühle ich mich wie ein zwölfjähriges Kind, im Türkischen werde ich einfach nicht älter. Ich kann sagen, dersini ihmal etme, weil Baba das sagte, wenn er wollte, dass ich mich in der Schule anstrenge. Ich kann sagen, ellerinden öperim, wenn ich mit Nene telefoniere und Handküsse durch die Leitungen schicke. Ich kann sagen, ayağına çorap giy, üşütürsün, weil Anne das sagte, wenn ich barfuß meine Judo-Übungen auf dem Küchenflur machte und sie wollte, dass ich mir Socken anziehe, um mich nicht zu erkälten, Kesagatame, Ō-goshi.

Eine Zunge macht Salto. Zwei Zungen springen Seil.

Auf Französisch kann ich sagen, ne pourrait-on pas considérer que l'imagination et un altruisme exacerbé sont véritablement des antidotes à la solitude? Auf Französisch bin ich ein arroganter Pariser Philosophieprofessor auf Arte und ziehe an der Pfeife. Auf Englisch bin ich ein linker Demonstrant am Berkeley Campus, ich sitze neben anderen Literaturstudentinnen, Politikstudenten, Soziologiestudentinnen in der Mensa und sage, 9/11 was a turning point that not only reshaped global security paradigms but also fueled Islamophobia, intensifying discrimination against Muslims on a global scale.

Auf Türkisch bin ich zwölf Jahre alt und verstehe den Nachrichtensprecher nicht, dessen Stimme bis in mein Kinderzimmer hallt und die Bettdecke zittern macht. Er sagt çin, er sagt uygurlar, er sagt baskı. Fünf Minuten später öffnet Baba die Tür, ein Fernsehteam in verschwitzten T-Shirts und dunklen Sonnenbrillen links und rechts von seinen Schultern, die Kamera auf mein ängstliches Kindergesicht gerichtet. Oğlum, sagt er. Du musst Chinesisch lernen. Du musst die Sprache der Mächtigen kennen, wie willst du sonst die Welt verändern?

Am nächsten Tag schrieb Baba mich in einen Sprachkurs in der Volkshochschule ein. Die Ziffern an der Fernbedienung konnte ich jetzt auf Mandarin zählen, wenn er mich aufforderte, den Kanal zu wechseln, während er Sonnenblumenkerne mit den Vorderzähnen auseinanderbrach. Ich zählte:

一 (yī)
二 (èr)
三 (sān)
四 (sì)
五 (wǔ)
六 (liù)
七 (qī)
八 (bā)
九 (jiǔ)

Wenn es spät war und sich mir der Kopf drehte vor so viel Welt und ich mich vor den Bildern unter der Decke verstecken wollte, sagte ich, 我累了 (wǒ lèi le), ich bin müde, Baba.

Am nächsten Tag saß Baba noch immer auf der Couch, als hätte er sich keinen Millimeter bewegt, die Terlik vor den Füßen, der Çay auf dem Tisch, die Augen auf die Flimmerkiste gerichtet. Oğlum, sagte er, du musst Hebräisch lernen.

Baba, ich habe die Uiguren in China noch nicht befreit, ich habe keine Zeit, den Nahostkonflikt zu lösen.

Ssssst, zischte Baba und zog die Brauen dicht zusammen, dass es aussah, als würde ein Wolfsschwanz über seinen Augen lauern. Er packte mich am Arm und zerrte mich in eine Buchhandlung in der Nachbarschaft, ich hatte noch immer meinen Pyjama an und machte mir vor Scham fast in die Hose. Ich sehe noch alles vor mir:

Da sind Rentner, die Grußkarten kaufen.

Diejenigen, die Buchrücken lesen, aber nichts kaufen.

Die nach einem Geburtstagsgeschenk Ausschau halten.

Kinder, die schreien.

Eltern, die schreien.

Und andere, die kichern, weil sie unanständige Bilder von nackten Männern und Frauen gefunden haben. Dort, bei den Kalendern.

Da sind Hunde, immer trifft man auf Hunde.

Aus dem Regal für Fremdsprachen zupfte Baba ein Hebräisch-Lernbuch heraus und klopfte damit demonstrativ auf den Tresen. Für meinen Sohn, sagte er stolz. Er wird später Politik machen. Woraufhin die Kassiererin mir beeindruckt zunickte.

So jung und schon so fleißig, sagte sie. Wie alt bist du denn?

十二 (shí èr), antwortete ich.

Ein Jahr später machten wir Familienurlaub in Wien. Anne wollte Sisis Schloss in Schönbrunn besuchen, und Baba begeisterte sich für die Türkenkugeln, die noch immer in einigen Hauswänden steckten aus der Zeit der Zweiten Osmanenbelagerung.

Bis nach Wien haben wir es damals geschafft, Oğlum, sagte Baba, als wäre er damals mitgeritten und hätte höchstpersönlich Zelte aufgeschlagen am Stadtrand.

Ich dachte, wir sind Araber, sagte ich. Aber Baba schwieg. Das tut er immer, wenn er keine Lust auf Diskussionen hat und Widerrede nicht duldet. Sonst redete und redete er wie ein Wasserfall – und Anne und ich nickten ganz interessiert, wo die Türken fast dreihundertfünfzig Jahre zuvor ihre Notdurft verrichtet hatten.

Die Exkursion führte uns bis in den zweiten Bezirk, wir spazierten die Prater-Hauptallee entlang, es war Samstag. Überall Familien mit Kindern, mit Hunden, mit Pferden. Die Sonne schien, die Wiesen grünten, und Baba sah zum ersten Mal orthodoxe Juden.

Da, sagte er, als hätte er ein scheues Tier im Gebüsch aufgespürt. Juden!, sagte er und zeigte mit dem Finger auf zwei Männer in schwarzen Kippot.

Bäume!, sagte ich und zeigte mit dem Finger auf zwei Pappeln.

Geh rüber und sag hallo, forderte Baba mich auf.

Nein, warum?

Wozu lernst du denn Hebräisch?

Damit ich wildfremde Menschen in öffentlichen Parks belästige?

Völkerverständigung, Oğlum, schon einmal was davon gehört, wieso schicke ich dich denn in die Schule, was lernt ihr dort überhaupt?!

Ich gehe da nicht hin, Baba. Das ist voll peinlich.

Alles muss man selber machen, dann geh ich. Sag mir, was heißt schönes, heiliges Wochenende auf Hebräisch? Heute ist doch deren Feiertag, unser Cuma ist doch deren Samstag.

Baba richtete sich die Hose, hob den Kopf und stolzierte geradewegs auf die zwei Männer zu.

Schalom, sagte er. Tachat yafeh!

Die beiden schauten Baba ganz verdutzt an. Da sie nicht antworteten, kam er enttäuscht zu uns zurück und schnaubte in seinen Schnurrbart. Rassisten!

Vielleicht sprechen sie nur Jiddisch, sagte Anne, um ihn aufzumuntern. Können ja auch nicht alle Muslime Arabisch, oder?

Du brauchst sie jetzt nicht verteidigen, die haben mich ganz genau verstanden, sagte Baba.

Ich nickte, Baba hat Recht. Die haben das ganz genau verstanden.

Wenige Gassen weiter biss ich in einem Kaffeehaus zufrieden in mein Schnitzel. Anne beobachtete mich von der Seite und schöpfte Verdacht.

Sei ehrlich, was hat Baba zu den Männern gesagt?

Na, schönes Wochenende.

Oğlum! Raus mit der Zunge.

Okay, okay, also er hat gesagt, schöner Hintern.

Anne verschluckte sich an ihren Pommes und hustete so wild, dass ich Angst bekam, sie könnte mir hier im Wiener Beisl ersticken und die Familienreise würde in einem Desaster enden.

Schließlich hat Wien schon genug Türkenleben gekostet, würde Baba sagen. Ich dachte, Anne ist Araberin?, würde ich fragen, und Baba würde wieder schweigen.

Zurück in Almanya, erzählte Anne beim nächsten Kaffeesatzlesen ihren Freundinnen davon. Sie lachten und ziehen Baba seitdem jedes Mal auf. Sie nennen ihn Herr Rabbiner und wünschen ihm tachat yafeh! Ich bin Araber, antwortet dann Baba. Ich bin Muslim und Araber, elhamdulillah.

Baba ist Araber, spricht aber nur Türkisch. Anne ist Araberin und spricht auch nur Türkisch. Babas Eltern sind Araber, so wie Annes Eltern, und sie sprechen beide Arabisch und Türkisch.

Ich bin zwölf Jahre alt, und ich erinnere mich.

Dede redet mit Baba auf Arabisch. Er sagt, uq'ud! Inna lillahi wa inna ilayhi raji'un. Setz dich! Wahrlich, wir gehören Allah, und zu Ihm kehren wir zurück.

Und Baba nickt und schweigt und setzt sich.

Nene redet mit Baba auf Arabisch. Sie sagt, jib li talate kilo bamya min as-suq. Bring mir drei Kilo Okraschoten vom Markt.

Und Baba nickt und schweigt und geht los.

Weil ich nicht so gut Arabisch kann, hänge ich die Buchstaben ق und ع und غ und ي an die türkischen Wörter, damit es klingt, als wäre ich ein Teil dieser Geschichte.

Nene fragt auf Arabisch, lesh ma biddak takul bamya, yabni, warum isst du denn nicht?

Das habe ich verstanden, und ich setze mich und esse Bamya.

Zwei Zungen lachen. Drei Zungen verschlingen einander.

Arabisch ist meine Großelternzunge. Das wenige, was ich weiß, klingt nach Dede und Nene. Ich kann sagen: Bring mir den Stuhl, mein Sohn, iss mehr Fleisch, es wird kalt, nimm eine Decke, Ruhe, sprich, Gott gebe dir Verstand, komm her, besuche uns, bevor wir sterben.

Ich liege im Bett und kuschele mich unter die Decke. Ich höre Nenes Stimme, wie sie sagt, Yashahare, liegst du immer noch im Bett? Los steh auf, zih il-burdayah ‘an ishshubbak. Ich schüttele den Kopf und sage, ma biddi aziha, ich will die Gardine nicht wegziehen. Zihha, ruft sie und droht mir mit den Terliks in der Hand. Widerwillig stehe ich auf, schiebe den Vorhang zur Seite. Da sitzt Nene auf dem Feigenbaum und pflückt Früchte zum Frühstück.

Ich gehe in die Küche und öffne die Schränke. Ich frage mich, was noch einmal Pfanne auf Arabisch heißt, Messer, Herd. Ich hacke Knoblauch und Tomaten in kleine Würfel, nichts beruhigt mich wie Gemüse zu schneiden. Eine Kochausbildung wollte ich nach dem Abitur machen, das wollte Baba nicht. Oğlum, bin ich den weiten Weg aus der Wüste bis hierher gepilgert, damit mein Sohn Zwiebeln schneidet? Was werden die Leute sagen?

Ellerine sağlık, sollen sie sagen, Baba. Wohl deinen Händen!

Sen aklını mi yedin, fragte er, hast du deinen Verstand gegessen? Das klingt besser als bist du verrückt?

Ich wasche zwei Auberginen, steche sie mit einer Gabel mehrmals ein und halte sie über die offene Flamme am Herd, bis die Haut verkohlt und das Fruchtfleisch weich ist. Ich ziehe die Haut ab und hacke das Fruchtfleisch mit einem Messer grob. In einer Pfanne erhitze ich etwas von Nenes selbstgepresstem Olivenöl und brate den Knoblauch kurz an, bis es duftet. Ich füge die Tomaten und die Auberginen hinzu, vermische beides gut. Kurkuma, Salz und Pfeffer. Fehlen nur noch die Eier.

Was heißt Eier in der Pfanne aufschlagen auf Arabisch, was heißt afiyet olsun?, spreche ich ins Handy und schicke meinem Vater eine Nachricht. Ich sage, Baba, leih mir deine Zunge.

Oğlum, antwortet er. Deine Vaterzunge heißt Fabrik.

Baba sagt Lufteinlassventil, Verankerungslänge, Aluminiumrahmen. Er sagt Fließband, Mörtel, Zementmischung. Er sagt Arbeitsamt, Lohnsteuerbescheinigung, er sagt Aufenthaltstitel.

Manche Zungen sind eingelegt in Olivenöl, andere in Maschinenöl.

Ich war zwölf Jahre alt, als mir in Babas Arbeitstasche, auf der Suche nach Kleingeld für Süßigkeiten, ein Zungenführer in die Finger biss, ein Dil Kilavuzu, eine Sprachhilfe. *Alman işletmelerinde çalişan Türk ve Alman işcilerinin anlaşabilmeleri içindir* stand auf dem roten Büchlein geschrieben. Ein türkischer Arbeitskollege, gestandener Gastarbeiter, hat es Baba damals in die jungen Hände gedrückt, als er frisch nach Almanya kam. Ent-şu’ldigın zî bi’tı, stand darin. Fer-tsaayung. Ich habe mich gefragt, ob Baba deshalb Deutsch wie ein alter Türke am Kölner Fließband sprach, weil Langenscheidt es ihm so beigebracht hat. Mit den Fingernägeln strich ich über die Zeilen, ich las nach:

Vî ist ma’ynı kontrôl-numır?
Ih haa’bı âlıs ferşta’ndın.
Ih haa’bı niht alıs ferşta’ndın.
Vî maht man das?

Vî şte'lı ih dî maşînı an?
Vî şte'lı ih dî maşînı ap?
A'rbaytı ih zoo ri'htih?
Zind zî tsufrîdın mit ma'ynır a'rbayt?
Voo ist ayn be'yzın?
Voo ist ein lâpın?
Voo ist ayn pi'nzıl?

Ich habe mich gefragt, ob Baba deshalb nur von der harten Arbeit sprach, ob seine Zunge deshalb immer nach Maschine roch. Ob Baba deshalb so wenig über seine Gefühle sprach, weil Langenscheidt es ihm nicht beigebracht hat.

Dilin bal gibi olsun, yara da açsın, sagt Anne. Deine Zunge soll wie Honig sein, aber sie soll auch verletzen. Nur was, wenn deine eigene Zunge verletzt ist, wessen Sprache hat ihr eine Wunde geschlagen, und welche Wahrheit gilt?

Diliyle yara açanın gönlü de yanar, sagt Nene. Wer mit seiner Sprache andere verletzt, setzt auch sein eigenes Herz in Brand. Nur was, wenn nicht die Sprache, sondern die Zunge einen Schmerz verursacht, wessen Herz brennt dann?

Dilin altında kılıç var, hat Dede immer gesagt. Unter der Zunge steckt ein Schwert. Nur was, wenn du deine Sprache verloren hast, nach welcher Zunge greifst du dann?

Dede hatte ein großes Schwert unter der Zunge, das Metall glänzte aus seinem Mund.

Dede war ein großer Mann, schlank, die Hüften schmal, und lang wie eine Akazie.

Dede war ein Mann in maßgeschneiderten Anzügen, in Hemd und Krawatte. Die Misbaha in der rechten Hand, der Rosenkranz wie ein Traubenbündel, an dem er Gottes 99 Namen abzählte und die Kerne ins Gesicht der anderen spuckte.

Dede hatte niemals Angst, vor nichts, vor niemandem. Außer vor Gott.

Nur Gott fürchte ich, hat er immer gesagt. Wer Gott fürchtet, braucht niemand anderes zu fürchten. Wer Gott fürchtet, braucht sich über nichts anderes Gedanken zu machen, der verschwendet keine Angst, keinen Schweiß an die Welt, in der er lebt.

Dede war ein Mann mit großem Schwert unter der Zunge, der niemandem Rechenschaft schuldete, außer Gott, dem Allmächtigen, dem Erbarmer, dem Barmherzigen.

Dede hat gebetet, fünfmal am Tag hat er gebetet, und Dede hat Rakı getrunken, fünfmal am Tag hat er getrunken. Er trank morgens, er trank mittags, er trank, wenn Nene die Wäsche unter der Nachmittagssonne aufhängte, er trank nach dem Abendessen, Bamya, Kuru Fasulye, İçli Köfte. Und er trank, wenn alle schliefen.

Dede fluchte, wenn er trank. Er sagte himar, das heißt Esel auf Arabisch. Esel auf Türkisch heißt eşek.

Ein Esel ist stur, der folgt nicht jedem Befehl, er ist hartnäckig, er tut, was er will. Und ein Esel ist geduldig, stundenlang kann er unter der Mittagssonne stehen und beharrlich warten. Ein Esel ist unabhängig, er ist zäh und robust.

Wenn Dede ein Tier gewesen wäre, dann sicherlich ein himar, ein eşek, ein Esel. Ich denke, das hätte ihm nicht gefallen. Obwohl die Kinder ihm ein Lied gesungen hätten.

Ich war sieben Jahre alt, und Hassan sang mit den anderen Nachbarskindern im Hof ein Lied. Hassan sang, arkadaşım eş, arkadaşım şek, arkadaşım eşek,

gözleri mavi, kulakları uzun, benim en iyi dostum, arkadaşım eşek.

Sing mit, sagte Hassan.

Ich kannte den Text nicht. Ich bring es dir bei, sagte Hassan und zog an meiner Hand und rannte mit mir zu Mahmut Abi, der einen Esel an den Karren gebunden hatte, auf dem er Wassermelonen transportierte

Sing mit, sagte Hassan.

Arkadaşım eşek, sang Hassan und gab dem Esel einen Kuss auf die Schnauze. Zum ersten Mal in meinem Leben wollte ich ein Esel sein.

Ich sang mit: Gözleri mavi, kulakları uzun, seine Augen sind blau, seine Ohren sind lang. Benim en iyi dostum, er ist mein bester, allerbester Freund.

Ein Esel, der ist stur und hartnäckig und geduldig und zäh und robust, und er ist aller Kinder bester Freund, sagte Hassan.

Esel heißt auf Arabisch himar.

Wenn Dede wütend war, sagte er himar, er sagte eşek, er sagte Esel. Wenn er noch wütender war, sagte er köpek, und am wütendsten war er, wenn er köpek oğlu köpek sagte, Hundesohn, ibn el kalb. Und Nene sagte, ist schon okay, komm her, mein Sohn, ya qalbi, mein Herz.

Kalb heißt Hund auf Arabisch.

Und qalb heißt Herz auf Arabisch.

Das kann niemals Zufall sein.

In meiner Großvaterzunge bin ich ein räudiger Hund, der seine Schnauze in die Bärte schöner Männer schiebt.

In meiner Großvaterzunge schnalze ich am Gaumen zwischen Qaf und Kaf.

Ich buchstabiere K, L, M, N, O, P, Q. Fünf Buchstaben, die Herz und Hund voneinander trennen.

Ich flüstere K, L, M, N, O, P, Q zwischen die Kissen. Der Anfang ein leises Bellen, das Ende ein schlagendes Herz und dazwischen ein Geheimnis, das nie eines war.

In meiner Großvaterzunge keuche ich von K nach Q, ich überbrücke die Lücke mit Brust und Bauch. Ich sage ya ʿalbi, mein Herz. Und alle denken, das Q sei verschluckt, wie es in manchen Dialekten der Fall ist. Aber in Wirklichkeit gesellen sich Q und K so dicht beieinander, dass niemand wissen kann: Wenn ich ya ʿalbi sage, sage ich ya qalbi und ya kalbi zusammen, ich sage, mein Herz und mein Hund. Denn in die Lücke passt mehr als nur ein Buchstabe.

Wenn ich ya ʿalbi sage, dann meine ich: Du Hund, ich liebe dich.

Hassan ist wild wie ein afghanischer Windhund, er hat die Ausdauer eines sibirischen Huskys, er ist mutig wie ein Foxterrier und jagen kann er wie ein Coonhound.

In acht Tagen werde ich Hassan wiedersehen.

Im Innern von Andern

Von Anke Stelling

Ein einziges Hin und Her ist das hier. Aber wo denn nicht, könnte man sagen.

Bei Rewe ist ebenfalls ständig eine andere Tiefkühlpizza im Angebot, erst Wagner, dann Dr. Oetker, dann Gustavo Gusto und dann wieder von vorn. Muss man sich drauf einstellen. Erst Katjes, dann Haribo, dann gar keine Gummibärchen, sondern Schokolade: Will ich nicht, kauf' ich nicht, zahl' ich halt einsneunzehn für die Tüte, bevor ich mir vom Preis diktieren lasse, was ich nasche.

Achtung, Demenz-Test: Zeichne ein Zifferblatt und darauf die Zeit zehn nach elf.

Zähle fünfzig Lebensmittel auf, die du im Supermarkt bekommst.

Spoiler: Demenzkranke fangen meist gar nicht richtig an, die Aufgaben zu lösen, bleiben schon am Kreis oder an der Vorstellung der riesigen Zahl fünfzig hängen.

Ich hänge an meiner Behauptung von neulich, dass ab sofort Klartext gesprochen wird in dieser Kolumne, Klartext, der dann aber die Nennung von Klarnamen verbietet, weil sonst eventuell Klagen drohen. Verklagt werden will ich nicht, hab' bereits drei Verfahren am Laufen, mehr verkraft' ich nicht, ich verkrafte schon die, die momentan anhängig sind, nicht wirklich, sondern tu nur so. Weil: Was heißt denn verkraften. Noch steh' ich ja und steht hier was, häng' ich mich an Wörtern auf, halten die mich fest. Tätigsein ist seit jeher meine Droge.

Meine Tochter – ich sag' jetzt aus Gründen des Persönlichkeitsschutzes nicht, welche der drei – unterhält vier Handarbeitsprojekte parallel. Strickt eigentlich ständig, und ich versteh' das: Es beruhigt die Nerven, beschäftigt die Hände, ist zugleich deutlich produktiver als Candycrush – und es verdient auch nicht Microsoft, sondern der gemütliche Wolleladen in der Oranienstraße daran, inhaberinnengeführt seit 1985.

Trotzdem macht es mir Sorgen, sie so zu sehen, weil mir eben auch der Suchtfaktor ins Auge sticht. Ehe du dich's versiehst, sind vierzig Jahre vergangen, und es war für deine Angehörigen mit anders gearteten Süchten wahnsinnig praktisch, dass du diese produktive Sucht hast; wunderschöne Strickpullover tragen die saufenden und glotzenden und FIFA zockenden Liebsten am Leib. Und finden's selbstverständlich. Weil du halt so bist. Kannst ja aufhören, wenn's dir keinen Spaß mehr macht.

Meine Therapeutin – auch derer hab' ich inzwischen so viele gesammelt, dass nicht mal sie selbst sicher sein kann, dass sie diejenige ist, die hier gemeint ist – sagt, dass ich die Erwartung, die an eine Dienstleistung innerhalb von Beziehungen geknüpft ist, besser überprüfen soll. Lobes-, Liebes- und Dankbarkeitserwartungen sind allesamt tückisch und tendenziell toxisch, ich soll meine persönlichen Grenzen kennen und kommunizieren lernen und mich verabschieden von der Idee, für Leistung gemocht zu werden. Diese Idee funktioniert nicht. Liebe, Dankbarkeit und Anerkennung sind Gefühle, die sich nicht mal im eigenen Inneren sonderlich gut kontrollieren lassen, geschweige denn, im Innern von Andern.

Vielleicht findet ihr mich grade richtig doof. Dabei geb' ich mir solche Mühe! Mach' mich nackig, mach' mich nützlich, drück' mich aus, und das Einzige, was ihr denkt, ist, dass ich egozentrisch und verwöhnt bin und mit dem Psychogeschwafel mal zum Ende kommen soll.

Aber wisst ihr was? Für eure Gefühle seid ihr selbst zuständig. Hört halt auf zu lesen, sucht euch einen anderen Content.

Das Gute an dieser Kolumne ist, dass sie bezahlt ist, von Dritten in Auftrag gegeben, die mach' ich nicht euch zuliebe, sondern mach' sie dem *Merkur* gegen Geld. In Geschäftsbeziehungen funktioniert das Leistungsprinzip – einer bestellt, die andere liefert –, und dass ich in meinen Redakteur nebenbei auch noch verliebt bin, braucht euch nicht zu interessieren, ihr wisst ja auch gar nicht, in welchen der zwei.

Liebe ist kälter als das Kapital.

Das hab' ich inzwischen begriffen.

Fünfundzwanzig Jahre postdramatischem Diskurstheater hab' ich beigewohnt und musste doch alles erst am eigenen Leib erfahren, es mit mir selbst in der Hauptrolle durchspielen, bevor's mir zugänglich wurde: »Kriegst du's nicht in deinen Kopf rein?!« – »Nein.« Wollte unbedingt selbst besetzt und besessen werden für die komplett falsche Währung, die Beziehungs- und Bedeutungswährung, dumm, dumm, dumm beziehungsweise kalt, kalt, kalt, das Töpfchen mit dem Schatz drunter steht in der ganz andern Ecke, und wer mir jetzt das Tuch von den Augen nimmt, ist meine Anwältin, die nimmt zweihundert Euro die Stunde für ihre Dienste, und das ist schon ein Freundschaftspreis.

Jura zu studieren ist aber auch nicht mehr schlau, hab' ich bei den Kleinen Verlagen am Großen Wannsee letzten Samstag gelernt – wer's nicht kennt, das ist so eine

Berliner Minipressenmesse im LCB jedes Jahr, voll schön und mit frischem Wind im Wort- wie im übertragenen Sinne –, weil nämlich die Buchbranche nicht die einzige ist, die am Kämpfen und Untergehen ist, nein. Die KI wird auch richten und verteidigen, abwägen und auslegen, und die ganzen IT-Tybbies stehen jetzt schon doof da oder werden gefeuert, Özgüls Mann zum Beispiel, ich sag' jetzt nicht, welcher, sie führen eine offene Ehe – wer's nicht kennt, das ist so eine Idee, dass es auch schön sein kann mit Andern und frischer Wind in die Langzeitbeziehungen kommt, und für die Anonymisierung ist es auch gut, nicht, dass das jetzt doch noch justiziabel wird, was hier steht –, Özgüls einer von drei Männern also ist eigentlich schon entlassen, aber weil sein Chef vor ihm entlassen wurde, gibt es keinen mehr, der ihn tatsächlich entlassen kann, deshalb kann er weitermachen und auch die Rechnungen weiter bezahlen. Als Autorin Kleiner Verlage kannst du nämlich vieles, aber eine Familie ernähren eher nicht, da ist ein IT-Typ, der das Geld ranbringt, eigentlich ganz günstig. Bislang zumindest. So eben grade noch.

Jetzt nivelliert sich das alles wieder, kann niemand mehr sagen, was eine zukunftssichere, Einkunft versprechende Berufsausbildung ist, was wiederum Mütter von ziellos vor sich hin dümpelnden Kindern mit gehobenen Schulabschlüssen entlastet. Klug sind diese Kinder, warten erst die Welle ab, bevor sie übereifrig Segel und vielleicht dann doch aufs falsche Pferd setzen.

So sag' ich mir das.

In den besseren Stunden.

In den düsteren krieg' ich Angst, die aber ein Gefühl ist, für das ich selbst verantwortlich bin und mich dementsprechend eigenmächtig drum zu kümmern habe. Wenn ich meine, dass ein Jura studierendes Kind oder ein solventer Mann mit Sorgeabsicht mir dabei helfen könnte, muss ich zusehen, wo ich so was herbekomme, aus meinem engsten Umfeld schon mal nicht. Den Teufel werd' ich tun, hier nochmals aufzurufen. Ich imaginiere sie mir, das hat eine meiner acht Therapeutinnen mich gelehrt, *Mein sicherer innerer Ort* heißt die Übung. Ich lege mich bequem auf den Fußboden, entspanne den Nacken und gehe in Gedanken dorthin, wo es mir gut geht. Rüber zu Rewe. Um zehn nach elf. Da haben die Schulkinder noch nicht Große Pause, und die Kita-Kinder sind noch nicht abgeholt, da kann ich ganz in Ruhe gucken, was momentan im Angebot ist, prüfen, ob das Fruchtgummisortiment vielleicht schon ausreicht für den Demenz-Test: Wunderland, Party Fred, Grün-Ohr-Hase, Peace & Love. Al Paka Cola, Color-Rado, Balla Stixx Cherry, Bärchen Pärchen – zwischendrin Luft holen und ausatmen, das Atmen generell nicht vergessen – Super Gurken, Crazy Schnuller, Sauerbrenner, Fruit Mania – kurz aufpassen, nicht zu bemerken, dass auch hier was ins Psychodiagnostische kippt, Wackelgeister, ernsthaft? – Quaxi, Balla Balla, Schlümpfe, Konfekt.

Und dann den Mann dazuholen, Marcel Weyermann, ich kenn' ihn nicht, aber er taucht zuverlässig in meinen Kontoauszügen auf. Ist der Inhaber meiner Filiale und deshalb auch Herrscher über meinen sicheren inneren Ort.

Mareike, seine Älteste, wird vermutlich Klage gegen mich erheben – weil ich ihn hier mit Klarnamen nenne –, sie steht kurz vor dem zweiten Staatsexamen, arbeitet bereits als Referendarin in einer angesehenen

Kanzlei in der Mommsenstraße, was mir wiederum den Arsch rettet, weil sie in der Mittagspause gern beim BioBackHaus ein Plunderstückchen isst. Dort lernt sie den zweiten Redakteur kennen, der ihr sagt, dass das, was ich hier mache, Kunst ist, alles nur ausgedacht und in Auftrag gegeben durch ihn – nein, seinen Kollegen natürlich –, mich gibt's nicht, sie auch nicht, ihren Vater erst recht nicht, und wenn sie nicht acht gibt, gibt's auch ihren Job und die Kanzlei, in der sie jetzt noch meint, unkompliziert übernommen zu werden, nicht mehr, also schön den Balla Balla Stixx flachhalten und vielleicht noch eine Tasse Kaffee bestellen.

Der Merkur im Internet: Aktuelle Interventionen und Kommentare, Reaktionen auf Texte in der Druckausgabe, Blicke ins Archiv, Hinweise zu Tagungen und Links zu lesenswerten Artikeln und Essays online, zu finden unter:

www.merkur-zeitschrift.de/blog/

Demnächst:

Jonas Rosenbrück
Donald Trumps Männerfantasien

Moritz Rudolph
Ein Leibniz-Europa

David Wagner
Mokkadrift